Great Naval Battles

絵画と写真で見る

世界海戦史

レパントの海戦からフォークランド紛争まで

Helen Doe ヘレン・ドウ［著］
Rieko Kai 甲斐理恵子［訳］

原書房

Great Naval Battles

絵画と写真で見る

世界海戦史

レパントの海戦からフォークランド紛争まで

絵画と写真で見る

世界海戦史

レパントの海戦からフォークランド紛争まで

目次

帆船艦隊同士の最後の戦いとなったナヴァリノの海戦は、ギリシアが――イギリス、フランス、ロシア連合艦隊の支援を得て――オスマン帝国支配から独立する決定的な助けになった。

はじめに

数世紀にわたる多くの海戦を研究すると、新技術や戦略とともに大きな変化が訪れたことがわかる。だが、明確な統率力をはじめ、変わらずに残った要素も多い。中世初頭の艦隊は、軍隊を運ぶための商船の寄せ集めだったが、20世紀までに巨大で強力な航空母艦が世界的権力のシンボルとなった。ガレー船の破壊槌から始まった兵器類は、船首楼の弓兵、砲撃台、臼砲艦を経て、大型装甲艦や原子力潜水艦へと発展した。3本マストの帆船の登場によって機動性が向上し、鉄と蒸気の登場によって軍艦が気まぐれな風から解放されて海戦に大きな変革が起こった。一方、航空母艦から航空機が離陸するようになると、海軍力に対する新しい考え方が求められるようになった。

多くの海戦のなかから重要な戦いを選びだすことは、やりがいはあるが難しい。さまざまな数字だけでは重要な戦いを定義することはできないし、1779年のフランバラ岬の海戦のように、小規模でも後世まで影響を与える出来事もある。1812年戦争は単艦同士の決戦が非常に効果的だったが、それとは対照的に大規模な艦隊の戦いが大混乱に陥ることもしばしばだった。すべての大戦に決定的な結果が出たわけでもない。たとえば、ユトランド沖海戦は、いまだに多くの歴史論争をまき起こしている。すべての海戦が純粋に海軍だけで戦われたわけでもない。1804年のプロ・オーラの海戦では、フランス海軍が商船の船団を相手に戦い、敗北した。そしてすべての戦いが公式に交戦中の敵が相手だったわけではない。たとえば帆船同士の最後の戦いとなった1827年のナヴァリノの大混戦や、1652年の第1次英蘭戦争に先立つグッドウィン・サンズの海戦がその例だ。1781年のチェサピーク湾の海戦や、第2次世界大戦中に太平洋で6か月間続いたガダルカナル島の戦いといった交戦は、広範囲にわたって影響をおよぼしたが、これは他の戦いではあり得ないことだ。戦闘にかんする良い情報には問題があり、戦勝国が歴史を書く場合はとくに疑ってかかる必要がある。戦いの記録を司令官が書けば、当然自分の決断を正当化しようとするだろう。ごく平凡な水兵や一般市民のような、あまり「重要ではない」個人の回顧録や目撃談は見過ごされがちだが、そういう記録のほうが実態を伝え得るのだ。問題はタイミングだ。人の記憶は当てにならないものなので、戦闘の数年後に書かれた記録は信頼できないかもしれない。18世紀までには新聞が活用されるようになり、偏見や誤報、検閲によって実情がかすむこともあるとは言え、当時の読者をぞくぞくさせる真に迫った記事を提供した。

商船を集めた急ごしらえの中世の船団から、やがて海軍が発達した。それが顕著だったのは17世紀だ。当時の二大商業国であるイギリスとオランダが、必要な支援と管理機能すべてを備えたプロの海軍をしだいに形成した時代である。プロの海軍はフランス革命からナポレオン戦争、そして第1次、第2次世界大戦にいたるまで、世界の覇権をめぐる闘争にずっと巻きこまれてきた。第1次世界大戦以前はドレッドノート級戦艦の建造で軍拡競争が繰り広げられ、トラファルガーの海戦のような決定的勝利が期待されたが、第1次大戦では海軍の戦いは効果が薄いと証明された。1919年からは空軍力の影響が大きくなり、第2次世界大戦では空母の重要性と価値が明らかになる一方で、潜水艦が海戦に新たな局面をもたらした。

こうした戦いの物語で輝きを放つのは、偉大なる指揮官たちだ。だが海で戦った無名の英雄たちも、男女を問わずやはり輝きを放っている。偉大な指揮官を比較することは難しい。ひとりひとりが、たとえば技術面ひとつとっても、多種多様で複雑なシナリオに対応しなければならなかったためだ。歴史学者ポール・ケネディは簡潔にこう述べている。「イギリスの英雄ネルソンなら150年前の旗艦上でもくつろいでいただろうが、同じくイギリスの海軍軍人ジェリコーとアメリカのニミッツは100年前の船上で途方に暮れていただろう」

1217年 BATTLE OF SANDWICH

サンドウィッチの海戦

プランタジネット家は、かつてイギリス海峡の両岸を治めた誇り高き支配者で、フランス、イギリス両国の王位継承権を主張した。しかし13世紀初頭、イギリス海峡はこのふたつの交戦国を隔てる深い溝となっていた。イングランド王ジョンは、頭角を現したフランス王フィリップ2世にフランス内の領地ほぼすべてをすでに奪われていたが、フィリップは1203–1204年にかけてさらに領土を拡大し、ノルマンディーとメーヌを征服した。こうして海岸一帯へのアクセスが可能になったフランスは、海峡を越えて急襲をしかけた。その戦いの多くで指揮を執ったのが、チャンネル諸島のサーク島出身で、ユースタス・ザ・マンクという大仰な名前を持つ海賊だ。この衝突が、帆船同士の初めての海戦となった。

ジョン王は奪われた領地を奪還すべく一連の戦いを指揮し続けたが、大きな成果は得られず、1214年のブーヴィーヌの戦いでついにフランスに大敗を喫した。イングランドでは戦争のための重い課税に不満をつのらせた市民の暴動が起き、フランスはこの不安定な状況を利用しようとした。多くのイギリス諸侯の後押しを受けたフィリップ2世の後継者ルイ王子ことルイ8世は、サネットに上陸、ロンドンも含むイングランド南部の広大な一帯を手中に収めた。1216年10月、ジョン王が崩御しヘンリー3世が後継者となったが、年齢はわずか9歳だった。摂政のウィリアム・マーシャルが経験豊富な人物だったことは、イングランドにとって幸運だった。彼のリーダーシップのもと、潮目が変わりふたたびイングランド

ジョン王時代に発行されたペニー銀貨(1199–1216年頃)

南部のフランス勢は不利になり始めたが、ロンドンはいまだにルイ王子の支配下にあった。その権力を保つために、ルイ王子はフランス本土からの強力な援軍を必要としていた。そこでルイの妻ブランシュ・ド・カスティーユがフランス軍のドーヴァー包囲を助けようと艦隊の資金を募り、数百人の騎士と馬、石弓兵士、歩兵、あらゆる補給品、軍資金、そしてトレビュシェット(巨大投石器)を輸送しようとした。

マーシャルはその援軍や物資がルイ王子に届くのを防ぐべく、五港へ向かった。五港とは前世紀に遡って結成された南部のヘイスティングス、ニュー・ロムニー、ハイズ、ドーヴァー、サンドウィッチの港町連合で、かなりの海上権力を握っていた。その忠誠心はフランス軍の侵攻のたびに試されてきたが、マーシャルは彼らの特権の復活を提案し、目前に迫るフランス艦隊への攻撃で大きな分け前も約束して五港の支援を取りつけた。8月19日までにウィリアム・マーシャルはロムニーに到着し、亡きジョン王のみごとな艦隊の助けを借りた(船の大半が個人所有だった時代に、1212年までにジョン王はポーツマスに少なくとも50隻の王室ガレー船をそろえていたのだ。そのためジョン王はイギリス海軍の父とみなされることがある)。

8月20日、フランス軍はテムズ川河口を目指してカレーを出発したが、

ヘイスティングス、ニュー・ロムニー、ハイズ、ドーヴァー、サンドウィッチの「五港」は、イングランド南部の支配を目論むルイ王子を撃退するために重要な役割を果たした。

ルイ王子(のちのルイ8世)とブランシュ・ド・カスティーユ

荒天のため引き返した。最終的に出航したのはその4日後だった。フランス側の記録によると、フランス艦隊は約80隻で構成されていた。そのうち10隻の戦艦には騎士や下士官を、残りの船には食料や装備を積んでいた。ユースタス・ザ・マンクが座乗する旗艦には、軍馬や攻城兵器をはじめ、積み荷があふれていた。イギリス側の数字は記録によってまちまちで、40隻の艦隊から22隻の艦隊までばらつきがある。おそらく最低でも16隻

1217年8月24日のサンドウィッチの海戦は、海上で船同士が直接交戦した希少な初期の例だ。

の武装船が存在し、そこに数隻の補助船や、ガレー船と帆船の混合隊も加わっていたようだ。両軍の数の違いはかなり重要に思えるが、フランス船は非常に船荷が多く深く沈みこむ一方で、イギリス船はより小型で軽く、純然たる攻撃船だった。

フランス軍の指揮官ユースタスは、ヒューバート・ド・バー率いるイギリス艦隊がケントを出港し、フランス軍の後方を通過するのを目撃した。海上での戦いはまれだったので、イギリスは港を攻撃するためにカレーに向かう計画だとユースタスは考えた。じつのところド・バーは風を利用していただけだったので、ひとたびフランス艦隊の後方につくと攻撃を開始した。たいていの場合、海上での船同士の戦いは大きな動きは少なく、接近戦や体当た

り攻撃を伴った。攻撃圏内に入ってしまえば、石弓や投げ槍を使うことができた。しかし風を背にしたイギリス軍は、別の武器を有効利用できた。石灰の入った壺を敵船に投げつけるのだ。それが船上で割れると石灰が煙のように広がり、乗組員の眼をくらませた。接近戦は凄惨で、手脚を折られ頭を砕かれる者もいれば、船外へ投げ落とされたり自ら海へ飛びこんだりする者もいた。積み荷が満載のフランス船のなかでも、重量のあるトレビュシェットを積んでいるユースタスの船はとくに激しく揺れ、機動性も悪かった。その結果イギリス軍が勝利し、敵船の大半を拿捕できた。フランスへ無事に帰還した船はわずか15隻で、フランス軍の完敗だった。ユースタス・ザ・マンクをはじめ4000人のフランス兵が戦死したという試算があるが、残りのフランス騎士の多くは命を取り留めた。フランスにとって、これは壊滅的な損失だった。国の半分近くを征服し、イングランド王の地位もほぼ手中にしていたのに、ルイ王子はいまや和平を求め撤退しなければならなかった。イギリス艦隊はサンドウィッチの戦いで富を得たので、その一部をロンドンの聖バーソロミュー病院に寄付した。病院の名称は、サンドウィッチの海戦が起こった日の守護聖人の名にちなむ。

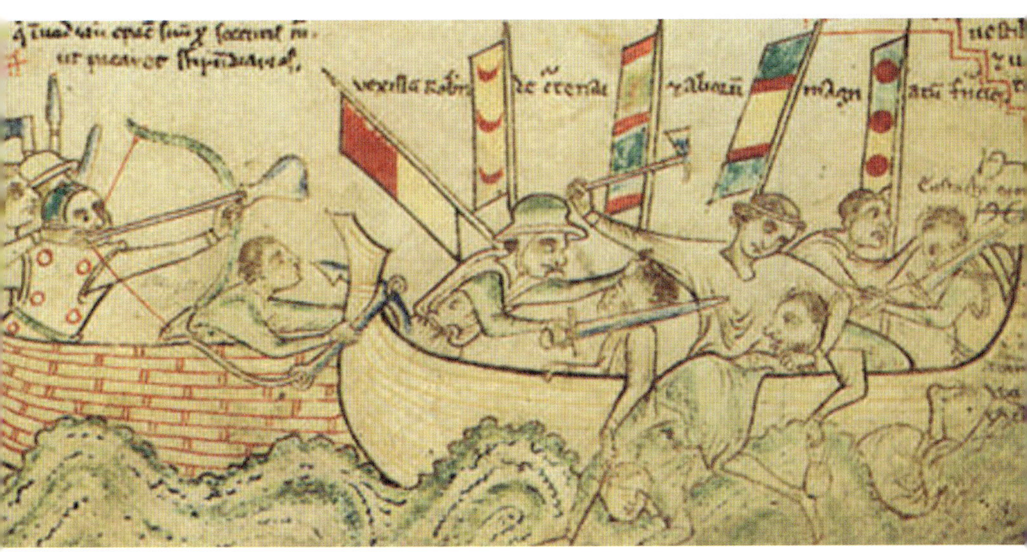

サンドウィッチの海戦で戦死したユースタス・ザ・マンク。ブローニュ近郊で生まれたユースタスは、そのときどきでイングランド側にもフランス側にも参戦する傭兵だった。

スロイスの海戦

中世初期のイギリス海軍最大の戦いは、1340年のスロイスの海戦だ。スロイスはゼーブルッへの北に位置し、現在のオランダに当たる。フランス王位継承権を主張するイングランド王エドワード3世とフランス王フィリップ6世は、イギリス海峡をはさんで進行中の消耗戦にかかわった。ジェノヴァの傭兵で補強されたフランス船団は、イギリス南部の港湾の襲撃に成功しており、さらにエドワード3世最大の船、クリストファー号もフランドルで拿捕し、王のプライドまで傷つけていた。領地を広げイギリス海峡の支配を目指すフィリップ6世の野望を挫くべく、エドワード3世はフランドル人と同盟を結び、自らフランス王を名乗った。そして自軍をフランスへ運ぶ艦隊の編成に取りかかった。王に仕えるために、イングランド各地の港から商船が運ばれてきた。

［上］エドワード3世(在位1327–77年)の国璽
［右］フランスのフィリップ6世(在位1328–50年)。イングランド王エドワード3世との諍いが百年戦争の発端となった。

残された記録はさまざまだが、6月22日、イングランド東海岸のオーウェル川から約160隻のイギリス船が出航したというのが一般的な見解だ。エドワードは、120人の兵士ともどもコグ船トマス号に乗船していた。目的はフランス艦隊の攻撃だった。6月23日、フランス軍がフランドルのスロイス港にいることがわかったが、潮位が低く砂州に座礁する危険があった。翌朝、潮位があがると、イギリス船団はフランス軍を攻撃するためにスロイスの河口を目指した。フランス艦隊は、大型帆船より小回りが利くガレー船も含め204隻と優位だったが、船を鎖でつなぎあわせ、川をふさぐ3列の堰を形成して敵を迎え撃つ決断をしたことでその優位性をみすみす手放した。フランス側のこの戦術は、広大な戦闘の舞台を作るためだった。海戦の伝統的戦法では、敵に充分近づいて攻撃する接近戦を展開し、それを船首楼や船尾楼の弓兵が援護する。それからひっかけ鉤で敵の船を引き寄せ、重たい鎧をまとった兵士が乗りこんでいく。だが狭い河口で船

スロイスの海戦は、フランス海軍の戦術的センスの欠如を明らかにした。

同士を鎖でつなぎあわせたフランス軍は、イギリス軍の格好の標的になった。

重い鎧をまとった兵士が接近戦を繰り広げるため損失は甚大だったが、イギリス軍の優位は圧倒的だった。その日の夕刻、ディエップからのフランス小艦隊が戦場から逃走したものの、イングランドとフランドル連合軍に拿捕された。歓喜に酔ったエドワード3世は、6月28日に息子のコーンウォール公エドワードにこう書き送っている。「最愛なる息子よ、われわれの良い知らせを聞いて喜んでくれることだろう」。エドワードの見積もりでは死者は3万人、首尾よく拿捕した敵船は180隻で、そのなかには自身の船であるクリストファー号も含まれていた。ピエトロ・バルバヴェラ率いるジェノヴァの傭兵は、賢明にもフランス軍とともに河口に留まることはせず外洋へ出ていたので、大殺戮をまぬがれた。地中海での経験が豊富だったバルバヴェラは、海戦に対する感覚がフランス軍よりも鋭かったのだ。どうやらフランス人は陸上戦というレンズを通して海戦を見ていたようだ。

エドワード3世のもと発行されたグロート銀貨。グロート銀貨1枚には4ペンスの価値があった。

この結果は、イングランド侵攻というフランスの野望を打ち砕く強烈な一撃になった。それでもフランスには強大な陸軍があり、艦隊を再編成することもできた。スロイスの海戦ののち、エドワード3世はフランスに上陸してトゥルネーで費用対効果の低い戦いを続けた。しかしスロイスの海戦がきっかけで、エドワードとフィリップのあいだの休戦が実現した。イギリス海峡をはさんでフランスの奇襲は続いたが、エドワード3世は海戦は圧勝だったと主張した。当時は金貨がめずらしい時代だったが、彼は船上(イングランドとフランスの紋章を掲げた戦争用のコグ船)の自身の姿を描いたノーブル金貨を発行し、栄光の海洋国家のイメージを打ちだした。

ウィンチェルシーの海戦

エドワード3世はスロイスの海戦で大勝したが、それで制海権を得たわけではなかった。フランスは相変わらずイギリス海峡に出入りできたし、即座に出動できるプロの海軍の基盤もある。招集に時間がかかる私船にいまだに頼っているエドワード3世とは大違いだった。フランスと同盟国のカスティーリャ王国は絶えずイギリス沿岸部を脅かし、商船を襲撃していた。

1341年の停戦協定により、フランスとイギリスの戦争は一時的に中断されたが、1346年に再開した。エドワードはイングランドで過去最大規模の艦隊を招集した。戦闘のためではなく、軍隊を海外に輸送するためである。イングランド各地の大小あらゆる港から船が徴用され、最終的に655隻がダートマスに集められた。デヴォンは31隻、ロンドンは25隻、プリマスは26隻を送りこんだ。単独で最大の船団を提供したのはコーンウォール地方フォーウィで、その数は47隻だった。

当初の計画では、フランス南西部のガスコーニュに上陸しフランス軍と相対するはずだったが、これほど大規模な艦隊と天候を同時に管理しながらの作戦実行は不可能だった。そのため7月12日、エドワードはノルマンディー半島に上陸し、カーンを手中に収め、スロイスの海戦で失われた分を補充するためにフランスが建造した船を破壊

1362年、息子のエドワード黒太子をアキテーヌ公に任命するエドワード3世(左)。これはイングランドとフランスが百年戦争で繰り広げた領土獲得と喪失の結果のひとつだった。

し、クレシーの地上戦でも大勝した。この陸軍力と海軍力の連携のおかげで、エドワードはつぎにカレーを標的に定め、1347年8月4日その攻略に成功した。その後フランスとの停戦が合意されたが、それでもイギリス海峡をはさんだ奇襲が止むことはなかった。

襲撃に使われた船は軍隊や装備を運ぶためのもので、海戦専用の船ではなかった。軍船として使われた船の一種が、ヨーロッパ北部で貨物船として利用されていたコグ船だ。平底で舷側が高く、大型の荷物も積載でき、強固な鎧張りだった。鎧張りは、船体の細長い板の端が互いに重なりあうようにしっかり留めるため、重たく扱いにくいが堅牢な船体ができる。1982年、ほぼ当時のままの姿を留める船がドイツのブレーメン近郊のヴェーザー川の川底から発見されている。

1350年、エドワード3世と息子のエドワード黒太子は、一風変わった海戦にかかわった。戦法としては港湾内での攻撃が好まれ、スロイスの海戦でもそうだったように非常に効果的だった。そのため大半の海戦はぐるりを囲まれた、比較的浅い水域で行われた。機密情報がもたらされたときには手遅れという状況も多かったので、海上の敵を発見することは非常に困難だった。大海で戦うために互いの船を並行に並べることも骨が折れた。ウェインチェルシーの海戦では、これがとくに顕著だった。

エドワードと息子は、艦隊をサセックス沿岸の町ウィンチェルシーに集結させた。スペインの羊毛を積んでフランドルへ向かっていたカスティーリャ船団を拿捕する計画だったのだ。当時カスティーリャはフランスの同盟国で、イギリス海峡を通過する際にイギリス船を数隻拿捕していた。エドワードは、シャルル・ド・ラ・セルダが指揮する47隻のカスティーリャ船団がイギリス海峡で目撃されていたことを知った。それらはイギリス船よりかなり大きく、戦闘準備が整っていた。このような船団を海上で拿捕することは、当時の船が1本マストで小回りが利かなかったことを考えると、困難で大それた仕事だった。エドワード3世はコグ船トマス号に乗船し、ロバート・パスロウ船長にこう命じた。「あの船に向かって進め。あれと一騎打ちがしたいのだ」。目標に向かって舵を切ると、2隻は激しく衝突し、トマス号は大きく損傷して沈み始めた。

同時代の年代記作家ジャン・フロワサールは、この海戦を生き生きと、

イラストレーター、ジュディス・ドビーが現代的表現で描いたウィンチェルシーの海戦。エドワード3世のコグ船トマス号がカスティーリャの船に激突している。

エドワード3世が使ったタイプのコグ船。1本マストで平底、舷側が高く、オーク材が使われることが多かった。

[左]シャルル・ド・ラ・セルダの紋章。1354年に政敵に暗殺されるまで、軍の指揮官であると同時に、フランス大元帥でもあった。

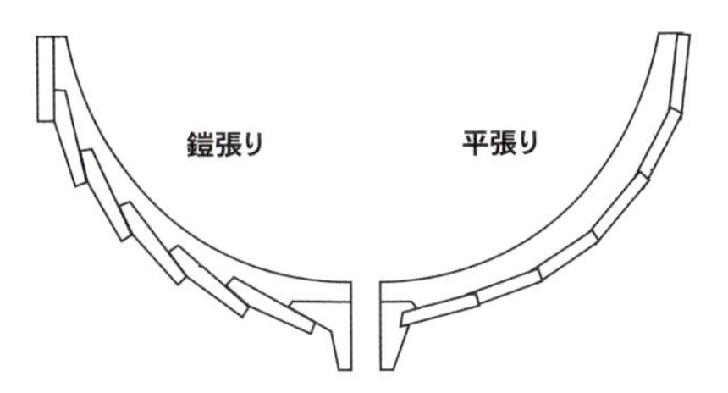

[下]鎧張りの船は、木の厚板をぴったり並べるのではなく少しずつ重なるように使うことで、船体を頑丈にした。この造船法はヨーロッパ北部では15世紀まで主流だった。

かなり抒情的に語っている。彼は2隻のマストや船首楼がぶつかり、乗員を海へ放りだした衝突時の轟音を雷鳴のようだと描写した。海水がコグ船にあふれるなか、船員たちがポンプを設置して水を汲みだし始めた。エドワードは船員にスペイン船をつかまえろと命じ、「あの船がほしいのだ！」と叫んだが、「あの船はあきらめましょう、もっと良い船が手に入ります」と助言された。実際、別の大きな敵船が接近していた。イギリス側はそれをうまくとらえ、トマス号が完全に沈没する前に乗り移った。黒太子も似たような体験をしたが、ダービー伯爵の船に救助された。フロワサールは、敵の騎士によって鉄のフックと鎖で拿捕された両軍の船や、雨あられと矢を放ち巨大な鉄の棒をたたきつけるカスティーリャの船首楼の弓兵について語っている。

ウィンチェルシーの海戦は決定的勝利とはいかなかった。イギリス側は船を数隻拿捕し、スペイン側は14隻失ったが、カスティーリャ艦隊の脅威は残ったままだったのだ。のちにカスティーリャ国内で内戦が起こると、イギリス海峡は20年間カスティーリャの船の脅威から解放された。当然ながら、ウィンチェルシーの海戦はイギリスが勝利した名高い戦いと言われたが、その名声はむしろ、エドワード3世と息子の黒太子がじきじきに参戦したことと関係が深かった。

レパントの海戦

レパントの海戦は、漕船同士の最後の大戦だった。西ギリシア沖で繰り広げられたこの大規模なガレー船の戦いでは、キリスト教同盟がオスマン帝国を完膚なきまでに打ち破った。16世紀、大西洋上に浮かぶ砲台として戦艦が開発される一方、オールで進み船首と船尾に大砲を搭載したガレー船は、気まぐれな風が吹く地中海ではいまだに人気が高かった。16世紀半ばには新たにガレアス船が発達し、これが海戦のつぎの局面の象徴となる。ガレー船を大型化したガレアス船は、オールの推進力が3本のマストで強化され、より大きなパワーと機動性を備えていた。

カトリック国のスペインは、地中海一帯で勢力を拡大しつつあるオスマン帝国に脅かされていた。侵略への恐怖は、イスラム教からキリスト教に改宗させられおもにスペイン南部に暮らすモリスコ(ムーア人)が帝国に手を貸すのではないかという懸念にさらにあおられた。トルコ艦隊は東地中海の大部分を支配し、1570年にはキプロス島に侵攻、主要都市ファマグスタを包囲した。当時キプロスはヴェネツィア共和国の支配下にあり、ヴェネツィアはエジプトやメッカへ向かうイスラム

1571年5月に結成された神聖同盟。加盟国同士の利害が対立したため、1572年5月に亡くなった提唱者のローマ教皇ピウス5世よりかろうじて長命ではあったものの、教皇の死の翌年に解散した。

バルセロナ海洋博物館に展示されているドン・フアンの旗艦、ラ・レアル号の複製。博物館は、元の船の建造地と同じ場所に位置する。

ドン・フアン・デ・アウストリアは、24歳の若さで、レパントの海戦で神聖同盟軍を指揮した。1578年、31歳で熱病で死亡した。

教徒の巡礼船を襲撃するための拠点としてキプロスを利用していた。

オスマン帝国の明らかな脅威を目の当たりにした教皇ピウス5世は、西側の同盟を組織した。この神聖同盟は200隻以上のガレー船と6隻のガレアス船を擁し、2万8000人の兵士を輸送できたが、それに対峙するオスマン帝国の艦隊はさらに大規模だった。神聖同盟の最高指揮官ドン・フアン・デ・アウストリアは、弱冠24歳だったが、すでに陸上でも海上でも経験を積んだ有能なリーダーだった。強い影響力を持つハプスブルク家との関係も深かった。というのも、彼は神聖ローマ帝国皇帝、故カール5世の庶子で、かつスペイン国王フェリペ2世の異母兄弟だったからだ。ドン・フアンはスペイン、教皇領、ジェノヴァ共和国とヴェネツィア共和国という2大交易都市、そしてマルタ騎士団で形成された艦隊をひとつにまとめるという難題に直面した。強力な海洋都市国家ヴェネツィアが艦隊の大部分を支え、107隻のガレー船に6隻のガレアス船を提供した。この勢力がシチリア島とイタリアのあいだのメッシーナ海峡に集まり始めた。

銃撃戦で致命傷を負ったオスマン帝国の指揮官アリ・パシャは、戦闘中に捕らえられ処刑された。この図の左奥にあるように、頭部は切り落とされ、槍の先に据えつけられた。

レパントの海戦は1571年10月7日に起こり、400隻の戦艦が参戦した。

両軍ともに敵の実力を知る必要があったが、海軍の情報には早くから誤算があった。オスマン帝国の総司令官アリ・パシャは、ギリシアのパトラ湾に自身の艦隊を集めると、メッシーナ海峡に集結した敵側の偵察にガレー船1隻を送りこんだ。黒い船体に黒い帆を張ったガレー船はメッシーナ港に接近し、艦隊の船数の情報を持ち帰った。しかしオスマン側にとって不運なことに、その情報には不備があった。ドン・フアン・デ・アウストリアも、大規模なスペイン艦隊も、まだ到着していなかったからだ。

多種多様な国籍の艦隊に対するドン・フアンの解決策は、大半の同盟国の船で構成された5つの小艦隊を編成することだった。だがそれはささいな諍いが絶えない不安定な同盟だった。ドン・フアンは中枢グループのガレー船62隻を率い、左翼にはヴェネツィアのアゴスティーノ・バルバリーゴが指揮を執るガレー船53隻が、右翼にはジェノヴァのアンドレア・ドーリアのガレー船50隻がついた。後衛にはスペインのフアン・デ・カルドナ指揮下の7隻の高速ガレー船が控え、さらにサンタ・クルス侯爵の30隻のガレー船で作る予備隊も存在した。神聖同盟の艦隊はコルフ島へ向か

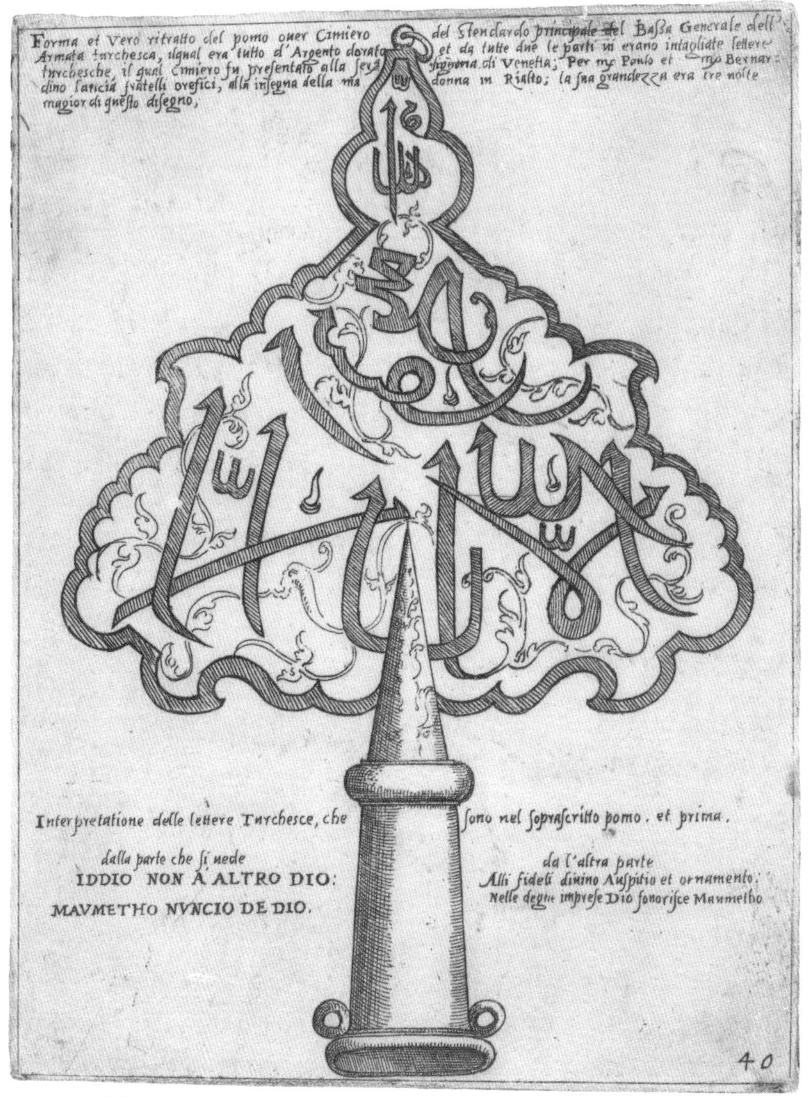

レパントの海戦でアリ・パシャの旗艦から奪われたトルコ軍旗の当時のイラスト

い、そこでファマグスタ陥落の一報を聞いた。そのため艦隊はケファロニア島へ移動した。オスマン帝国の艦隊が集結するペトレイアス湾の入り口に近かったためだ。

10月6日、両軍ともに臨戦態勢に入ったが、どちらも相手の力をみくびっていた。戦いの中心は漕走のガレー船だったが、両軍の漕ぎ手の士気には明らかな違いがあった。オスマン側の漕ぎ手は敗北すれば自由の身になれるかもしれない奴隷だったのに対し、神聖同盟の漕ぎ手には報酬目当てで雇われた者もいれば、勝利による恩赦や刑期短縮を約束された囚人たちもいたのだ。兵器や装備にも違いがあり、オスマン帝国軍は銃よりも弓矢が多かった。

オスマン軍は隊形を整えつつあったドン・フアンの艦隊を攻撃した。最初の攻撃は左翼に行われ、バルバリーゴの小艦隊がほぼ制圧された。接近戦もあったが、やがてキリスト教同盟が敵を圧倒し始めた。中央部ではふたたび接近戦が起こった。今回はさらに激しく、兵士が互いに敵の船に乗りこんだ。2時間後、アリ・パシャが捕らえられ、勝利を確信したドン・フアンに殺害された。右翼では、アンドレア・ドーリアの艦隊が戦列を離れようとしているらしく、アルジェの副王エル・ルーク・アリに追われていた。だが神聖同盟の後方に隙間があき、アンドレア・ドーリアの小艦隊が攻撃圏外に退避したので、エル・ルーク・アリは中央部後方のガレー船の攻撃に転じた。そこへサンタ・クルスの援軍が加わった。エル・ルーク・アリは残りの小艦隊とともに逃走した。4時間後、戦いがついに終結したとき、アリ・パシャの兵士全員が殺害されていた。戦闘が終わる頃、神聖同盟は12隻のガレー船を失っていたのに対し、オスマン軍は117隻を失っていた。敵の能力をはなはだしく過小評価していたためだ。オスマン帝国の艦隊は全滅に近かった。15隻が沈没し、190隻が拿捕された。犠牲者も多く、2万5000–3万人のトルコ人が殺されたと言われている一方で、神聖同盟の死者は8000人ほどと見積もられた。その後、ガレー船の奴隷1万人が解放された。

神聖同盟は、大砲や高性能の銃を戦略的に使って優位に立った。建造直後の大型ガレアス船6隻の攻撃能力も大きかった。この兵器に阻まれたオスマン軍は、接近戦で実力を発揮することができなかった。神聖同盟の艦隊の規模を過小評価したこともオスマン軍の自信過剰を招き、戦いへと突き動かした。歴史家は、スルタンの艦隊は同じ年に行われていた軍事行動ですでに疲弊していたこと、ガレー船も以前の敗北が原因で漕ぎ手不足だったこと、厳しい冬季は休戦になるため多くの兵士がすでに去っていたことに注目している。

神聖同盟の勝利は盛大に称えられ、多くの神話の題材になった。その頃には印刷技術が広く普及していたので、このキリスト教連合の大勝利の知らせは多くの人々に共有された。勇猛果敢な好敵手としてオスマン人が素朴な木版画に描かれることも多かった。この海戦はキリスト教世界に対するイスラム教の脅威の終焉として歓迎されたが、決定的な結果になったとは言えず、地中海の勢力バランスが大きく変化することはなかった。

オスマン人はすぐに軍事力を回復し、1572年春までに大砲を搭載した134隻の船を新造した。思うがままに動かせる約250隻のガレー船と小型船数隻の海軍を手に入れたのだ。しかし、ペルシアでも戦っていたために艦隊は四方八方に拡散し、地中海での優位を保ち続けることができなかった。スペイン軍も多方面に分散し、オランダでの新たな問題の対処に軸足を移した。1580年には、オスマン帝国とスペインの終戦が合意された。しかし、キリスト教世界の勝利は、かつては連戦連勝だったオスマン帝国の海軍ももはや無敵ではないことを明らかにしたのである。

グラヴリンヌ沖海戦（アルマダの海戦）

長年にわたり、スペインとイングランドのあいだの緊張は高まっていた。エリザベス1世は、はるかに強力なライバルを過度に刺激しないように用心しつつ、スペイン支配からの独立を目指すオランダの反乱軍を支援するために歩兵や騎馬隊、資金を提供していた。さらに、ロンドンの商人たちは1585年にスペインが発令した入港禁止令に激怒した。スペインの港を遠征に使う北方航路が奪われたためだ。影響を受けたのは大半がオランダの船舶だったが、イギリスの商人はこの行為に対して戦争で応じるよう強く求めた。

それを受けて、サー・フランシス・ドレイクが遠征に出発した。1585年9月、ドレイクは29隻の船を引き連れてプリマスを出港、西インド諸島のスペイン領を攻撃して略奪した。短期間フロリダにも寄港し、セント・オーガスティンのスペインの要塞を破壊した。スペインにとっては衝撃的な出来事で、世界の超大国という名声に対する侮辱だった。こうしてスペインとイングランドは互いに戦争状態にあると考え、スペインが侵攻の準備を整えたのに対し、イギリス船は攻撃を激化させた。1587年、ドレイクは、スペインの主要港のひとつであるカディスを襲撃して悪名を馳せた。これが原因でスペインのアルマダこと無敵艦隊の戦闘準備が遅れ、フェリペ2世の逆鱗に触れた。

エリザベス女王の艦隊は、新造のガリオン船数隻と多数の大型商船で構成され、総数は40隻ほどだった。しかし、巨大帝国であるスペインには、世界1の規模を誇る商船隊があった。スペインとポルトガルの商人は海上交易を支配し、スペインがポルトガルを併合するとポルトガル船もアルマダを支えることとなった。しかし、海軍を統率する官僚的組織は存在せず、あらゆる決断が国王フェリペ2世に通されたので（国王は少数の相談役に頼っていた）、事務管理上の障害が生じていた。

スペイン海軍のおもな役割は、イングランドで兵士の上陸拠点となり得る場所を確保することだった。フェリペの軍司令官サンタ・クルス侯爵は、1582年にポルトガル西方に位置するアゾレス諸島のテルセイラ島に侵攻した人物で、それは彼の入念な計画の典型例だった。サンタ・クルス侯はイングランド侵攻も同じように成功させたいと考え、上陸部隊には5万5000人が必要と見積もった。そのためには8万トン近い膨大な数の船に加え、ガレー船や200隻以上の揚陸艇を要する。計画ではケントの海岸から上陸し、ロンドンへ進軍するはずだった。しかしフェリペの甥であるパルマ公が、フランドルから速攻部隊を出すという別の案を出した。それには平底船でイングランドに上陸する大人数の部隊が必要だった。フェリペはふたつの案を融合することにした。小規模な艦隊がリスボンから出航してフランドルの部隊と合流し、その後イギリス海峡を越えて攻撃する計画だ。だがこれにはどちらの指揮官も満足しなかった。数千キロ離れたふたつの大規模な部隊を合流させる難しさをふたりとも理解していたのだ。

探検家、海賊、私掠船船長にして海軍司令官のフランシス・ドレイクは、スペイン無敵艦隊の打倒で重要な役割を果たした——しかし、彼の名声や成功はイギリス人の同僚につねに好意的に見られたわけではなかった。

偉大なる指揮官サンタ・クルス侯は1588年1月に亡くなり、メディナ・シドニア公が後任の総司令官に任命された。上級貴族にして有能な統治者だったシドニア公は、無敵艦隊の食料補給や装備の最終決定を出すことでその才能をいかんなく発揮した。こうして5月18日、ついにアルマダは

フランシス・ドレイクが指揮した1586年5月のサン・アグスティンの急襲で、イングランドとスペインの戦争が一歩近づいた。

リスボンを出港した。構成は約127隻の船と3万人の人員で、その大半が兵士だった。当初はコルーニャ沖(現ア・コルーニャ)の悪天候で分散していたアルマダだったが、再集結してイギリス海峡を目指した。シドニア公はこの作戦全体をあまり評価しておらず、実際フェリペ2世に中止を強く要請したほどだったが、フェリペは神が味方していると信じていた。1588年4月、フェリペはシドニア公にこう書き送っている。「もしマーゲート到着まで敵に遭遇しなければ、そこで自身の艦隊を率いるイングランドの提督を発見するはずだ——たとえ提督がドレイクの艦隊と合流していたとしても、貴殿の艦隊は能力においても、貴殿が守りとおす動機、すなわち神の動機においても、敵に優るだろう」

大型のスペイン船は、部隊を乗せて海に浮かぶ要塞だった。敵船に接近して乗り移る移乗攻撃を想定した設計で、海上での銃撃戦には向いていなかった。戦闘隊形はガレー船の戦いに基づいていた。指揮官の乗る旗艦を含む頑強な軍艦が中央部を占め、その後方に戦艦がつき、そのあいだに補給艦と大型運搬船が陣取る。作戦の中核は旗艦で、アルマダの各船団は旗艦に対して定められた位置関係を維持することが求められた。20隻ほどの小さな船団もあり、それは緊急事態に対処するために隊形から離れることが許されていた。

イギリス側は、スペインの侵攻部隊がフランドル沿岸で待機していることも、そこへ向かっている別の艦隊があることも把握していたが、それ以

スペインのフェリペ2世は敬虔なカトリック教徒だったので、プロテスタント国のイングランドを破ることを聖なる使命とみなしていた。

上の情報は得られなかった。イギリス船はスペインの戦艦ほど大型ではなかったので、スペインとは異なる海戦術を発達させていた。軽量の小型船を銃の砲座として使うのだ。また、船上の指揮系統でもかなり優位だった。ドレイクは、ひとりの船長のもと乗組員全員が一致団結して行動するというアイデアを提案していた。一方スペインのシステムは、貴族の司令官が多すぎるために命令系統があいまいだった。

サンタ・クルス侯爵は40年以上にわたる軍歴で1度も負けたことがなかった。アルマダを率いるはずだったが、グラヴリンヌ沖海戦のわずか5か月前の1588年2月に亡くなった。

サンタ・クルス侯爵の後任としてアルマダの司令官の座に就いたメディナ・シドニア公。有能な指揮官だったが、残念なことに船酔いにも苦しめられた。

［**上**］戦闘後のスペイン無敵艦隊の帰路を見ると、事実上イギリス諸島を1周していたことがわかる。
［**右**］スペイン艦隊のドゥケーサ・サンタ・アナ号の大砲。スペイン艦隊の武器はイギリス軍の武器より重たく扱いにくかった。

イギリス艦隊の総司令官は、エフィンガムのハワード男爵だった。サー・フランシス・ドレイクが経験豊富で闘志あふれる名司令官だったので、事実上ハワードは副司令官だった。ハワードが抜擢されたのはおもに女王と個人的に親密な関係だったおかげだが、彼は非常に優秀な外交官でもあった。海軍総司令官とはいえ経験は乏しかったので、ハワードは軍事会議のメンバーに有能な船長を任命した。ドレイクの他に、ジョン・ホーキンス、マーティン・フロビシャー、トマス・フェナーらが名を連ねている。最前線のデヴォンとコーンウォールには攻撃が差し迫っていたので、防衛計画の立案にサー・リチャード・グレンヴィルとサー・ウォルター・ローリーが指名された。こうして武器や装備が準備され、武装した兵士が南海岸沿いに配置された。敵艦の接近を知らせるべく、延々と連なるかがり火も用意された。サー・リチャード・カルーら当時の人々にとって、スペイン艦隊は強力な「天をも脅かす艦隊」に思えたのだ。

エフィンガムのハワード男爵。1585–1619年までイギリス海軍総司令官を務めた。

軍事会議のメンバーは、先手を打ってスペイン沿岸で敵に挑み、彼らの計画を阻止するようハワードに迫った。しかし財政難に苦しむエリザベス女王がそれを却下し、艦隊は沿岸の巡航しか許可されなかった。ハワードはシリー諸島とウェサン島のあいだになんとか船団を展開してスペイン艦隊を早めに発見しようとしたが、6–7月の悪天候のためにプリマス港に留まらざるを得なかった。兵士の食料確保の資金調達や兵士の脱走阻止に四苦八苦しながらも、ハワードは女王やその相談役とは定期的に連絡を取り続けていた。6月23日の手紙には、女王の慎重さへの——そしてこれほどの国家危機を前にして、あまりに吝嗇なやり方への——いらだちがあふれだしている。「後生ですから、女王陛下、いい加減に目を覚まし、陛下のまわりの極悪非道な反逆行為にお気づきください」。スペイン軍の作戦の噂が飛び交うなか、イギリス艦隊は準備万端整っているにもかかわらずプリマスに足止めされたままだった。

1588年7月19日午後4時、スペイン無敵艦隊はイングランド最南端のリザード岬を視界に捉えた。そこで旗艦サン・マルティン号に王旗と、聖母マリアとマグダラのマリアが描かれた聖旗が掲揚された。翌日、スペイン軍は4人の漁師が乗ったファルマスの小舟に遭遇したので、4人を捕らえ尋問した。漁師たちは、故意なのか噂を繰り返しただけなのか、イギリス艦隊はすでにプリマスを出港したと断言した。

サー・リチャード・グレンヴィルはスペイン艦隊への攻撃ではほとんど活躍しなかったが、その穴埋めをするかのように、1591年にアゾレス諸島で旗艦リヴェンジ号に座乗し、孤立無援の状態で53隻のスペイン船を相手に戦った。ここでグレンヴィルは戦死したが、その功績でイギリス海軍の英雄になった。

無敵艦隊の時代には、船はマストも帆も増えてより機動的になっていた。オールで進むガレー船も使われてはいたが、1545年以降は銃の戦術的な使い方が変わりつつあり、いまや長距離射撃で敵船を撃沈することが可能だった。国公認の海賊行為とも言える私掠がかなり横行していたイギリスは、高速で機動性が高い武装船を好んだが、ドレイクは重砲を積んだスペイン船は軽量のイギリス船に深刻な損害を与えかねないと見抜いていた。しかも、イギリスの銃が長距離射撃で敵船に大きな損害を与えられるとは思えなかった。どうすればスペインの陣形を崩し海峡への侵攻を妨害できるのか、ハワードにもドレイクにも見当がつかなかった。スペイン艦隊接近の報を受けて、ふたりは7月20日に船を出航させたが、これにはひと晩かかった。風向きも潮流も思わしくなく、船を風向きに合わせて引き綱で移動させなければならなかったためだ。

海峡での戦闘開始直後は、ひとつの大海戦というより、小競り合いの連続だった。イギリス側がスペイン軍の上陸やイギリス海峡の航行を阻止する計画を練ったためだ。スペイン船は陣形内の相対的位置を維持するように厳命されていた。一方イギリス船はハワードからまったく異なる指示を受けていた。「最後に、多くの予期せぬ出来事が起こるであろうから、諸君がわれわれの指示とは異なる針路を取ることになろうとも、諸君自身の判断と決断にゆだね、わが軍の優位のために最善と思われることを実行するのがもっとも適切だと考える」

両軍は7月20日の昼下がりに相まみえ、イギリスがスペイン陣形の左右両翼を攻撃した。この両翼は最高の戦闘艦が固めており、死傷者は偶発的なものだけだった。サン・サルヴァドル号は火薬の爆発で破損し遺棄され、ヌエストラ・セニョーラ・デル・ロサリオ号は衝突で破壊され、バウスプリット[船首から突きだしたポール]を失った。翌朝ドレイクはロサリオ号を拿捕し、ドン・ペドロ・デ・ヴァルデス指揮官や兵士を捕らえ、5万ダカット金貨入りの宝箱を手に入れた。ドレイクにとっては価値ある戦利品だったが、仲間の司令官はおもしろくなかった。彼らにはドレイクの行為がまるで私掠船の船長のように見えたのだ。しかしロサリオ号の調査によって、スペイン軍の大砲にかんする情報も手に入った。それは重たくかさばる二輪つきの架台に載せられた、扱いが厄介な代物だった。対照的にイギリスの銃砲は四輪の架台上で連射が可能、しかも砲手はよく訓練されていた。

イギリス海峡では1週間にわたって戦闘が繰り広げられたが、スペイン艦隊は大部分が無傷のまま堂々と航行を続けた。シドニア公はソレント海峡付近に避難する誘惑に駆られたが、7月23日のポートランド岬および7月25日のワイト島でのドレイクの攻撃によって断念せざるを得ず、海峡を進み続けた。アルマダは通信手段で苦労していた。シドニア公はブルージュのパルマ公の本部に幾度もメッセージを送っていたが、いまだ返事はなかった。このまま北海へ流され続けることは望んでいなかったので、スペイン艦隊はカレー沖に停泊したが、パルマ公

サー・ウォルター・ローリー。1588年の一連の海戦では、イギリス艦隊の旗艦アーク・ロイヤル号の建造を発注したことで勝利に大きく貢献した。

とどこで合流するかは不明だった。

いまや状況は膠着状態だった。イギリス側はスペインの陣形を崩すことができず、スペイン側が失った船はわずか3隻だった。イギリス艦隊の銃は——搭載された船はすでに約140隻に増えていたが——頑強なスペイン船には決定的な損害を与えることができなかった。対するスペイン軍は、ひっかけ鉤で捕らえて移乗攻撃をしかけるには、イギリス船の動きがあまりに速いことに気がついた。イギリスは新たな戦略を編みだす必要があった。そこで両軍が3キロほどの距離で錨泊するなかで、ハワードは軍事会議を招集し、火船でこの手詰まり状態を打開するとの結論に達した。そのために8隻の小型船が選ばれた。真夜中を過ぎた頃、スペイン軍は潮流に乗って勢いよく迫ってくる小型船を発見した。この戦術は功を奏し、スペイン軍はかなりの混乱に陥ったが、それでも2隻の火船の進路を逸らすこ

とができた。火船を回避するまでにスペイン艦隊の多くの船が錨を切って沖合への移動を強いられ、無敵艦隊はついにちりぢりに分散した。夜が明けると、グラヴリンヌの沖合で、ドレイクの指揮のもと残りの船への近距離砲による攻撃が行われた。そこにはメディナ・シドニア公の旗艦や5隻の大型船も含まれていた。今回はイギリスの砲撃が圧倒した。イギリス軍は1砲あたり1時間に1回か1回半の割合で砲撃可能だったが、スペインは同じ回数を1日でなんとかこなすのが精いっぱいだったのだ。

その夜、イギリス軍はスペイン軍をさらに浅瀬へ追いつめたが、もう少しでスペイン艦隊を浜へ追い立てられるというときに突然風向きが変わり、スペイン軍は北海へ逃げこんだ。8月27日、ハワードはエリザベスの重臣であるロバート・セシルにこう書き送った。「わたしは残りの艦隊とともに、あの悪漢どもを見に行く自由を与えてくれる風をここで待つつもりで

イングランド南岸沖のスペイン無敵艦隊。スペインはイングランド侵略を試みて船の約3分の1を失った――しかし、その損失の大半は悪天候による難破が原因で、グラヴリンヌの戦い自体で失った船はごくわずかだった。

す。それから敵は、故郷のみすぼらしい港に戻りたいと願わずにはいられなくなると信じています」。ふたたびひとつにまとまった無敵艦隊は、ハワードの船団に追われてイングランド北岸へ向かった。いまや両軍ともに弾薬不足だった。だがハワードいわく、「われわれは誇り高い顔つきで敵を追った」。スペイン軍がスコットランド沿岸に到達すると、イギリス軍はテムズ川河口へ引き返した。敵と交戦しようにも、装備も弾薬も残っていなかったのだ。

エリザベス女王はこの大勝利を先頭に立って祝福し、家臣たちの心から

8月7日のグラヴリンヌ沖海戦は、無敵艦隊の決定的な敗北につながった。グラヴリンヌはカレーとダンケルクにはさまれたフランスの海沿いの町で、その沖合で海戦が繰り広げられた。

通称「アルマダ・ポートレート」。1588年末に描かれた作者不詳のこの肖像画は、スペインを破ったイングランドの勝利を意味する寓意的象徴に満ちている。たとえば右奥には、神による「プロテスタントの風」で岩に打ちあげられるスペイン船が描かれている。

の感謝を慇懃に受け入れたが、その後はこの艦隊や船員にかかわることからは手を引いた。ハワード自身は責任を放棄するつもりはなく、実際彼の助けが必要とされていた。艦隊じゅうで腸チフスが流行していたためだ。スペイン艦隊の最終的な運命がわかるまでイギリス艦隊をこのまま維持するよう女王に強く進言したハワードは、飢えた船員のために新鮮な食料を私費で調達し、ドーヴァーで宿泊施設をみつけ、私財を売って部下の服を購入した。さらに踏みこんで、ドレイクがロサリオ号から略奪した品々の一部も強制的に提供させ、こう述べた。「純然たる必要性がなければ、(それには)手をつけないつもりだった。だが貧しくみじめな人々にそれを贈っていなかったら、わたしはこの世から消えてしまいたいと願っただろう」。ハワードは宮廷に戻る準備を進めながら、賢明にもこう考えた。「飢えてみじめに死んでいくことがないように大切にされなければ、彼らが奉仕することはないだろう」

無敵艦隊撃破を記念したメダル。FLAVIT ET DISSIPATI SVNT(「神は風を送りて、敵を吹き飛ばしたまえり」)というラテン語の銘文が書かれている。

北部の島々をめぐる長い航路が原因で、ついにスペインの侵攻作戦はお蔵入りになった。スペイン艦隊は損傷した船と多くの負傷兵を抱えて長い航海を強いられ、食料も水も不足し、疲労困憊した兵士の士気も下がっていた。メディナ・シドニア公が最高の戦艦数隻を含む67隻の船とともに帰還したのはすばらしい功績だったが、どの船も損傷がひどかった。そのうえ無敵艦隊の総員の3分の1が帰国できなかった。

イギリスは圧倒的国力を誇るスペインに対して勝利宣言をすることができた。ある歴史家が述べたように「帆船と舷側砲という強力な組みあわせによって、今後250年間イギリスが世界の運命を支配することとなった」。スペインは喪に服し、競争相手はかつて無敵とうたわれたスペインの敗北にわき立った。イギリスはその後も戦いを続け、海での運命に対する自信を深めていった。

1596年 BATTLE OF CÁDIZ

カディス襲撃

エリザベス1世は、1588年のスペインの侵略軍からイングランドを守ることに成功したと考えたが、その脅威が消えたわけではなかった。そのため1596年、スペイン本土の主要港のひとつを攻撃するために遠征部隊を送った。女王は当時63歳で、即位から38年が経っていた。ハワード公の遠征が始まる前に、エリザベスは特別な祈りを詠んだ。

> 汝、この洞察によって真に理解する者よ
> 復讐の悪意や、不正の疑問や
> 流血への渇望や、利己的な金銭欲が
> いま軍隊を出すというわれわれの結論を生んだのではない
> これは充分すぎるほどの用心とあきあきするほどの観察から生まれた結論なのだ

オランダの海軍指揮官、ヨハン・ファン・ダイフェンフォールデ

おもに共同出資の私費で融資されたドレイクの西インド諸島の探検とは違い、この遠征の費用はエリザベス女王がすべて援助した。戦闘準備を進めているスペイン海軍への懸念が高まるなか、過去の遠征隊がスペインの銀艦隊[銀を輸送する船]に狙いを定めてきたのに対し、今回の遠征はスペイン海軍への計画的な先制攻撃が目的だった。偉大な海軍司令官ドレイクとホーキンスは亡くなったが、ハワード海軍総司令官はいまも指揮官の座にあった。この遠征の指揮を執る彼の任務は明快だった。

> 敵の出航前に港で戦艦を焼き払い、それとともに食糧貯蔵庫と海軍の軍需品をも破壊することによって、アイルランドの反乱軍が支援され強化されることも、あるいはわれわれに歯向かう準備を整えた大海軍を王が長期間持ち続けることも不可能にする。

6月1日、ハワードは、部隊輸送に必要な輸送船も含め100隻の帆船を指揮してプリマスを出港した。艦隊には女王の所有する船が17隻と、初めてイギリス軍と作戦をともにするヨハン・ファン・ダイフェンフォールデ率いるオランダの小艦隊も加わっていた。機密保持を厳密に貫いたハワードは作戦を封印し、スペインのオルテガル岬沖に来るまでそれを明らかにしなかった。これほど大規模な艦隊は身を潜めることができないので、艦

カディスでは、イングランドとオランダ連合州同盟が共通の敵であるスペインと戦った。

隊の存在を敵に警告する可能性がある船が通過するたびに拿捕した。スペインは、なんの前触れもないまま、サン・ヴィセンテ岬を回りこんでくる攻撃艦隊を目撃することとなったのだ。

カディスは三方が大海に面した島だ。イギリス艦隊は6月20日にカディス沖に投錨し、満潮を待った。攻撃は翌朝の夜明けに始まった。ハワードと部下の船長らは複雑で困難な作戦にプロ意識で臨み、一方イギリス海軍は戦いから教訓を学び続け、多くの点でいっそう効率的になった。スペインの戦艦は拿捕あるいは破壊され、女王のお気に入りの派手で気性の荒い

Rotta
SINUS
Vulgo
OCEA
BAIA
Los Puercos
Cadiz
Caleta
Puntal
Punta de S. Sebastiano
S. Catharina
NUS ATLANTI
INSULA GADITANA, Vulgo ISLA DE CADIZ.
Binudium Milliaris Hispanici.

カディス湾の地図。湾の防御はしっかりしていたが、カディスの防御軍はイングランドとオランダ連合軍の攻撃に備えておらず、船が奪われるのを避けるために自らの手で焼き払わなければならなかった。

エセックス伯に率いられたイギリス部隊がカディスを掌握した。これはすばらしい勝利だったが、貴重な船荷を積んで出航したスペイン船を捕らえる好機を逃したことだけが失敗と言えば失敗だった。そうした船は船員自身の手によって焼き払われたからだ。

イギリス軍は当時にしてはすばらしい規律正しさで、陥落した町の住人を人道的に扱った。メディナ・シドニア公は町の陥落後にこの地に到着した。ハワードは、捕虜交換にまつわる優雅なラテン語の手紙のなかで、シドニア公との以前の出会いをわざわざ指摘せずにはいられなかった。「小生は1588年に女王陛下から指揮を仰せつかったので、貴殿は小生をご存じかと思います」。

エセックス伯はカディスの恒久的支配に意欲を見せ、ダイフェンフォールデも同意見だった。スペインと東西インド諸島との交易が大混乱に陥ると考えたためだが、ハワードは却下した。そのような作戦指示は受けていなかったことに加え、遠隔地からカディスを支配し続ける難しさも理解していたのだ。遠征隊は要塞や公共施設を破壊したのち帰国した。あとには13隻の戦艦と11隻の西インド諸島の交易船の、そして多くの小型船の焼け焦げた残骸が残された。

艦隊は、スペインの新型戦艦2隻と1万2000門の大砲、スペインが2000万ダカット以上の価値と見積もった略奪品とともにイングランドに帰還した。金貨に銀貨、山のような真珠に絹織物、砂糖といった品々に混じって書物もあった。ハワードの従軍牧師エドワード・ダウティは、イエズス会士カレッジの神学資料17部を手に入れ、のちにヘレフォード大聖堂に寄贈した。それは現在も保管されている。エセックス伯はもっと大胆だった。ファロ教区司教の蔵書すべてを強奪し、それをトマス・ボドリーによって設立されたオックスフォード大学図書館、現在のボドリアン図書館に寄贈したのだ。エリザベス1世が金貨と銀貨で回収した経費はわずか1万2000ポンドだった。

カディスの損失はスペイン経済にとって大惨事だった。銀艦隊は混乱に陥り、本土のこれほど名だたる場所が侵略されたことは、政治的に重大な含みを持った。フェリペ2世はイングランドをすぐさま攻撃するよう艦隊に命じ、それからわずか3か月でマルティン・デ・パディーリャが160隻の戦艦から成る艦隊を率いてイギリス海峡へ乗りこんだ。イギリス船はチャタムで修理中で、西部地方の防御にはほとんどついていなかったので、攻撃は大成功に終わる可能性もあった。しかしまたしても悪天候がスペインの作戦を阻んだ。無敵艦隊はスペインのガリシア地方沿岸で南西の強風に見舞われ、そこで大型軍艦30隻を失った。残りの戦艦は急いで港へ避難しなければならなかった。スペインのイングランド征服の野望はこれでついえた。それから2年でスペイン国王フェリペ2世は他界し、義理の妹にあたるエリザベス1世もその5年後に世を去った。

エセックス伯。たびたび議論の的になる軍人政治家エセックスは、エリザベ1世の寵臣だったが、1601年、女王退位の陰謀を企て処刑された。

1652–1654年 *FIRST ANGLO-DUTCH WAR*

第1次英蘭戦争

17世紀を代表する二大貿易大国イギリスとオランダは、17世紀後半におもに北海とイギリス海峡を舞台に3回交戦した。イギリスは、スペインからの独立を目指して戦っていたオランダを支援し、17世紀半ばには両国ともに貿易大国になっていた。オランダの商業ネットワークは、大西洋を越えて南北アメリカへ延び、東は日本まで届いていた。オランダ海軍はイギリス海峡でも北海でもイギリス海軍と競りあい、バルト海では木材の主要運搬役からイギリス船を追いだしていた。VOCことオランダ東インド会社は、イギリス東インド会社の東南アジアへの勢力拡大を阻止し、イギリスはインドに軸足を移すこととなる。どんどん力を増す商人階級からの厳しい圧力にさらされたイングランド共和国は、1651年に初の航海法を制定した。目的はイギリスの交易をイギリス船に限定することだったが、それに対してオランダは自由貿易を主張した。

海軍大将ロバート・ブレイクは、第1次英蘭戦争でイングランド海軍を監督した。有能な指揮官で、イギリス史上最高の海軍大将との見方もあり、ある歴史家は「彼の右に出る者はおらず、かのネルソン提督にも引けを取らない」と述べた。

帆船の軍艦が重要性を増したのはこの時期だった。以前の艦隊は非常時に召集され、その後解散した。しかしいまや私掠船が脅威となり、しかも被害は大きくなっていた。敵の商船を攻撃する武装した民間船対策として、商船は護送船団にまとまり、国家所有の船による護衛が必要になったのだ。国の艦隊には重装備の大型船が含まれていたが、武装商船の追加も必要だった。

　こうして多くの戦いが繰り広げられたもの

オランダ東インド会社の船、アムステルダム号の現代レプリカ。かつて強大な勢力を誇ったVOCの象徴である。元の船はオランダ北部のテセル島からバタヴィア(現ジャカルタ)へ交易品を運ぶために建造され、200人以上の船員が乗りこんだ。1749年にイギリス海峡で難破した。

の、はっきり勝敗がつかないことも多かった。しかしそのあいだに帆船海軍の戦術や規律、管理運営にかんする貴重な教訓が得られた。1652年のグッドウィン・サンズの海戦は、とくに詳しく語られることがない戦いで、イギリスもオランダも宣戦布告することなく始まった。それは大きな政治的決断ではなく、おもに現場の人員の行動の結果であり、まったく予定外の戦いだったのだ。

1652年 グッドウィン・サンズの海戦

このふたつの貿易国のあいだで緊張が高まっていた時代、イギリス議会はイギリス海峡は我が国の領海であると主張し、外国船がイギリスの軍艦に遭遇したときは服従のしるしとして、船に掲揚している国旗を下ろすことを求めた。さらに、密輸品を探すために、中立の立場の船にも停止命令と船内の捜索に応じるよう求めた。グッドウィン・サンズの偶発的事件の数日前には、オランダの護送船団がイギリスの小艦隊に攻撃されていた。護衛の軍艦が旗を下ろすことを拒否したためだ。

オランダの海軍中将マールテン・トロンプが40隻の

[上]グッドウィン・サンズの戦いは「予期しない」交戦だったが、それがはからずも100年以上続く英蘭戦争のきっかけになった。
[右]1652年9月28日のケンティッシュ・ノックの海戦では、第1次英蘭戦争で初めて敵対国の海軍が公式に交戦した。

帆船艦隊を率いてグッドウィン・サンズ沖に到達したとき、ネーマイア・ボーン少佐指揮下のイギリスの小艦隊に遭遇したので、悪天候を回避しているだけだと主張した。海軍艦隊は外海で潜在敵国にたびたび出会っていたが、両国間の緊張が高まっていた時期でもあり、船上の兵士には本国の

状況が変化したのか、それとも公式な宣戦布告があったのか、ただちに見極める術はなかった。どちらが攻撃を開始したかは明らかではない。だがその一斉射撃が第1次英蘭戦争の火蓋を切ったのだ。

ボーンは、当時14隻の小艦隊とともにライに滞在していたロバート・ブレイク大将に警報を発した。一方トロンプはドーヴァー沖に投錨し、崖上のドーヴァー要塞からの旗を下ろせという警告射撃も無視したまま、ひと晩そこに留まった。夜が明けると、ブレイクの小艦隊がライから接近していることに気づいたので、賢明にもトロンプはカレーを目指した。南側のブレイクの小艦隊と、北側のボーンとのあいだの航路を取ったのだ。その後のことはまったく説明されてこなかった。逃げることもできたのに、トロンプはブレイクの艦隊への攻撃を決め、戦いが始まった。一方ボーンは艦隊を指揮して効率的にオランダ船を追いつめた。この戦いには決着がつかず、乱戦は夜まで続いた。トロンプは逃走したが船を2隻失った。イギリス側には損失はなかった。

1652年 ケンティッシュ・ノックの海戦

いまや公に戦争状態に入ったので、イギリスはオランダ海軍を壊滅させ、好調な商業活動を停止させようと試みた。しかし、オランダは帆船の護送船団を守ると固く決意し、イギリス海峡を通過するオランダ商船の安全確保のために60隻の艦隊を送りこんだ。指揮官は海軍中将ヴィッテ・コルネリスゾーン・デ・ヴィスである。イギリス海軍大将ブレイク率いる艦隊は68隻で構成されていた。1652年9月、両艦隊はテムズ川河口に通じるケンティッシュ・ノック沖で衝突した。攻撃の口火を切ったのはオランダ軍で、ブレイクの船数隻が浅瀬に乗りあげたが、イギリス軍は激しく抵抗し、オランダ側にも損害を与え死傷者をもたらした。その後オランダ軍は南側のイギリス艦隊を攻撃したが、サー・ウィリアム・ペン中将が反撃した。猛烈な戦いが3時間続いたのち、夜になりオランダ軍は撤退した。今回もオランダは2隻の船を失い、1隻も失わなかったイギリスが勝利を宣言した。

スターテン・ヘネラールことオランダ議会は、73隻の艦隊を新たに編成し、ふたたびトロンプ提督を指揮官に据えた。そして「イギリスに可能な限りの損害を与え」、なおかつ大規模な船団を護送せよと命じた。これらの護送船団は多くの品々を積んでイギリス海峡を帆走し、アメリカのオランダ領や西インド諸島、そして極東とオランダを往復していた。

1652年 ダンジネスの海戦

11月、37隻の艦隊をダウンズ港に停泊させていたブレイクは、トロンプの艦隊を目撃した。敵の規模に気づかなかったのか、ブレイクは攻撃のために出航した。しかし交戦するには風が強すぎたため、両艦隊ともに南西へ押し流された。翌朝、両艦隊はダンジネス付近に到達し、ブレイクは敵に追いこまれて戦わざるを得なくなった。今回はオランダが勝利を宣言した。3隻のイギリス船が沈没したのに対し、オランダの損失は1隻だったためだ。トロンプは400隻の商船をイギリス海峡から大西洋まで無事に護送することができた。

この戦いがきっかけで、イングランド国務会議が新たな動きに出る。まずブレイクの援軍として、リチャード・ディーン将軍とジョージ・マンク将軍を統合司令官とする軍隊を編成した。当時の艦隊は政府の船と武装した商船の混合部隊だったが、商船は戦闘への積極的な参加よりも、船が損傷しないように守ることに関心があるようだった。イギリスでは6人の船長がブレイクの援護に失敗して解任された。さらに、つい最近までイングランドで互いに戦っていた兵士の忠誠心にも懸念があった。そこで新たな行動規範が公表され、海軍士官が武装商船の指揮を執ることとなった。船員は新たな給与額や、傷病者のケア計画、そして商船と同様にオランダの軍艦を拿捕すれば船員の利益になるという報償規定の変更に刺激され、やる気を起こした。加えて、国務会議はすべての海軍の船舶をイギリス海峡に集中し、地中海交易の保護を断念した。

1653年 ポートランド沖海戦

「3日間戦争」とも呼ばれるこの海戦は、1回の交戦ではなく一連の戦いを指す。トロンプ提督は、イギリス海峡を東へ向かう150隻の商船団を護送していた。トロンプの艦隊は81隻だった。2月18日、同規模のイギリス艦隊を行く手に発見した。風のおかげでトロンプは逃走することもできたが、針路を変えて目の前のイギリス船と戦うことを選んだ。イギリスの3つの小艦隊は分散した。そのなかで前方に突進していたブレイク率いる艦隊は、オランダに包囲されて圧倒されかけたが、重量のある大型船は残りふたつの小艦隊が援軍に加わるまで持ちこたえた。戦いは混戦模様で、船同士が接近して横づけになり、移乗攻撃の白兵戦が繰り広げられた。最終的にイギリスがオランダを押し返し、護送船団を脅かしたので、トロンプは逃走せざるを得なかった。その後の3日間で、両艦隊は海峡を行きつ戻りつしながら互いに牽制しあった。トロンプは知識を生かして護送船団に浅瀬を通過させた。大型のイギリス艦は追って来られないとわかっていたのだ。トロンプと護送船団のほとんどは最終的に逃げきれたが、30–60隻の商船が失われた。軍艦は4隻がイギリスに拿捕され、5隻が沈没してい

ジョージ・マンクはイングランド内戦で活躍した議会軍将軍だった。1652年に海軍大将に任命されたときも同じように成功した。

オランダでもっとも優秀な海軍司令官マールテン・トロンプ提督は、第1次英蘭戦争で艦隊を率いた。1653年のスヘフェニンゲンの海戦で戦死したことは、オランダにとって大きな損失だった。

た。一方のイギリス側が失ったのは1隻のみで、損傷を受けたのは3隻だった。

この戦いの大半は混迷を極めたとみなされている。その後両艦隊は、複数の小艦隊で部隊を編成するという常識にたどりついた。ヴァンと呼ばれる先頭の小艦隊、指揮官の乗った中央の小艦隊、そして少将が率いる3番目の小艦隊だ。各々の船は小艦隊のリーダーに対する相対的位置を維持するように命じられたが、帆船同士の戦いの真っただ中でそれを守るのは簡単な芸当ではなかった。指揮官と配下の船のあいだの情報伝達も難しかった。砲煙に取り巻かれながら敵味方入り乱れている戦闘中に、船員の技術も経験も異なるさまざまな船の混じりあった艦隊の統制をとることはほぼ不可能だった。小艦隊のリーダーからの信号を見ることすら難しい状況で、ましてや最高司令官の信号旗などまったく見えなかった。1653年3月、イギリス海軍で新たな指令が発表された。それによって連絡信号が明確に定められ、船を縦1列に並べる戦列戦法も立案された。これで敵に力強い舷側砲で臨むことになり、イギリスの砲撃力が活かされた。こうした戦法は艦隊が「互いに協力しながら動き、戦う」必要性を強調した。これらがその後1世紀半のあいだ、イギリス海軍の戦略や規律の基礎となった。

1653年 ガッバードの海戦またはノースフォアランドの海戦

5月、イギリスは、ふたたび航海中だったトロンプ率いるオランダ艦隊の

ガッバードの海戦。オランダの海軍史上最悪の敗北のひとつで、イングランドがイギリス海峡と北海の制海権をそろって握る結果となった。

追跡に出た。そしてついにハリッジ付近のテムズ川河口で相まみえた。互いの艦隊を数えてみると、オランダ船98隻に対しイギリス船が100隻と、ほぼ互角だった。ディーンとマンクに率いられたイギリス軍は新たな方針をうまく活用し、三日月形に船を配置した。こうして午前中に戦いが始まった。オランダからの最初の猛攻撃で、レゾリューション号のディーンが戦死した。そのため、マンク大将はわずか2回目の海戦だったにもかかわらず、突然総指揮官を務めることとなった。イギリス艦隊は戦闘中の大半の時間で風上位置を保ち、オランダ軍に並走を強いて大砲を使わせた。オランダ軍好みの戦術は接近後の移乗攻撃で、対するイギリスは砲撃術に頼っていた。銃撃戦が2日目に入ると弾薬が減り、大きく損傷した船も増えたため、トロンプは撤退した。これは以前の小競り合いと比較すると決定的敗北だった。イギリス側は船を1隻も失わなかったが、死傷者は400人を数えた。一方トロンプの艦隊は合計20隻の戦艦を失い、そのうち11隻は拿捕された。これはイギリスの新たな戦術の勝利でもあった。あるイギリス人船員はこう表現している。「われわれの艦隊は以前よりも秩序正しく動き、互いに助けあった」

1653年　スヘフェニンゲンの海戦

大きな損失が続いたにもかかわらず、オランダは早々に艦隊を再編成し、1653年7月にはトロンプ率いる125隻の艦隊がテセル沖のスヘフェニンゲンの海戦でマンクと相まみえた。またしてもイギリス側が勝利したが、今回の艦隊はさほど統制がとれておらず、2度以上にわたって敵を素通りした。優秀な司令官トロンプ提督は、戦いのさなかに戦死し、オランダは約30隻の船を失った。一方イギリス側の損失はわずか2隻だった。しかしイギリスの死傷者は過去の戦いを上回る約1000人に達し、大きな代償を払った。第1次英蘭戦争の最後のふたつ

の戦いとなったガッバードとスヘフェニンゲンの海戦では、戦列戦法という新たな発想と効果的な砲撃の組みあわせが功を奏した。しかしイギリスはスヘフェニンゲンの海戦で戦列戦法後に混戦に持ちこみ、それが多数の犠牲者を出す結果になった。一方、残ったオランダ船も秋の厳しい気候で大きな損害を被ったため、スターテン・ヘネラールはイギリスとの和平交渉を始めることとなった。こうして翌年までに第1次英蘭戦争は終結した。

スヘフェニンゲンの海戦。これはイギリスによる港湾封鎖を破るためにオランダが始めた戦いだった。技術的にはイギリス側の勝利だったが、両軍ともに大きな損害を被ったために和平交渉が進み、第1次英蘭戦争は終結した——さらに、オランダが望んだとおり、経済封鎖も解かれた。

1657年　*BATTLE OF SANTA CRUZ DE TENERIFE*

サンタ・クルス・デ・テネリフェの海戦

エリザベス女王時代の私掠行為に続いて、17世紀にはイングランド内戦中から戦後にかけて初期の海軍が発達し、地中海から北米や西インド諸島にまで展開し始めた。海軍は作戦のタイプも広げ、1657年のテネリフェの海戦では、沿岸の要塞や停泊中の船も攻撃した。1656年3月、海軍大将ロバート・ブレイクがスペイン沖を航行していた。標的は今回も、貴重な金をスペインへ持ち帰ろうとしているスペイン艦隊だ。この標的を首尾よく拿捕できれば、財政難に直面するイングランド共和国が待ち望んだ救済となり、軍隊や艦隊にも給料を支払えるようになる。

ブレイクは、スペイン船は簡単にはつかまらないと知っていたが、9月にリチャード・ステイナー少将が敵の大型のガリオン船2隻をなんとか拿捕した。当時としては異例だったが、ブレイクは冬季も艦隊を外洋に留めておくと決めた。そうすればつぎのスペイン艦隊の接近をいち早く察知することができる。事実上これで港湾封鎖状態となり、スペイン艦隊は戦略変更を余儀なくされ、11隻をカナリア諸島へ向かわせた。そこでイギリスが封鎖を解くまで、あるいはオランダの護送船団が支援に来るまで待てばいいのだ。

　スペイン船がテネリフェ島のサンタ・クルスに停泊していると聞いたブレイクは、1657年4月に全船を率いて出航した。カディスのスペイン艦隊が援軍に出たとしても間に合わないだろうと踏んだのだ。しかし、敵船を拿捕する機会を慎重な司令官に奪われてきた各船の船長は、不満を募らせた。彼らのあいだには、断固とした意見の衝突があったのだ。ブレイクはテネリフェ沖に到達すると会議を招集した。リチャード・ステイナー少将の議事録によると「大将は会議を開き、すべきことを明らかにしようとした。しかしその前の土曜日に大将をかなり立腹させた指揮官たちは、大将がかなり強く促すまでひと言も発しなかった」とある。

作戦が整うと、ブレイクは各小艦隊から4隻ずつを招集した。これら12隻はステイナー少将が指揮し、サンタ・クルス湾に停泊中のスペイン船を攻撃する。一方ブレイクと残りの艦隊は湾外に留まって援護射撃をしながら「城塞を攻め落とす」計画だった。サンタ・クルス湾は、貴重な艦隊を守るために城塞と砲台で防備が固く、風も予測不能なことが多いので、湾内に入った船が安全に出られない可能性もあった。

ステイナーは船長への指示で、彼につき従うべきタイミングを命じた。のちの報告書では「どこであろうと、もっとも危険な場所でもわたしは突き進むつもりだったが、部下たちは錨を下ろすまで1発たりとも撃たなかった」と記している。4月20日の早朝、ステイナーは自身の旗艦、スピーカー号で船団を率いて出航した。すると幸運にもスペイン船の一部が彼の艦隊と海岸のあいだの位置で停泊しているのを発見した。そのため要塞砲は味方の船を攻撃するリスクがあった。統制のとれた動きを見せて、イギリス

サンタ・クルス・デ・テネリフェの海戦。この戦いの目的は、南米のスペイン植民地から運ばれる地金や船荷を奪うことだった。イギリスは金の強奪には失敗したが、それがスペインに送られることは阻止したため、スペイン経済は大打撃を受け安定性を失った。

艦隊はまず内側の小型船を攻撃し、その後狙いを大型のガレオン船7隻に変えた。

正午頃ブレイクとイギリス船の2組目が湾内に入ると、午後1時にはすべてのスペイン船が拿捕または破壊され、要塞はイギリス側の正確な砲撃によって制圧されていた。こうしてブレイクは勝利を手にしたが、外洋に戻るという大仕事が残っていた。拿捕した船は、イギリス船5隻で曳航する予定だった。かなりの賞金になると思われたためだが、風に阻まれて難航したうえ、スペインはまだ砲撃を続けていた。ブレイクは拿捕した船に火を放って遺棄するように命じ、結局船長たちはしぶしぶ従った。その日の午後、イギリス艦隊は時間をかけてなんとか湾から脱出した。ステイ

リチャード・ステイナー少将。イングランド内戦中、議会派だったステイナーは、第1次英蘭戦争で名を揚げ、サンタ・クルス・デ・テネリフェの海戦でも先頭に立って戦った。1660年の王政復古後、亡命先からチャールズ2世をイングランドに移送した艦隊に少将として参加した。

サンタ・クルス・デ・テネリフェの海戦でイギリス軍が勝利したのち、自身の旗艦ジョージ号に戻るロバート・ブレイク。1905年、ヘンリー・ニューボルト作『ドレイクの太鼓と海の歌(Drake's Drum and other Songs of the Sea)』の挿絵より。船もユニフォームも「近代的」に見えるのは描かれた年代のせいかもしれない。

ナーのスピーカー号がもっとも損傷が大きく、他の船による曳航も失敗したので、敵の沿岸砲という大きな危険にさらされながら留まらざるを得なかった。風向きが変わったのは午後も遅い時間で、スピーカー号はわずかな帆の残骸を掲げて錨を切り、出航すると「大きな要塞の下を通過した。(中略)われわれはいまだに攻撃をせざるを得ず、敵は攻撃の手を緩めなかっ

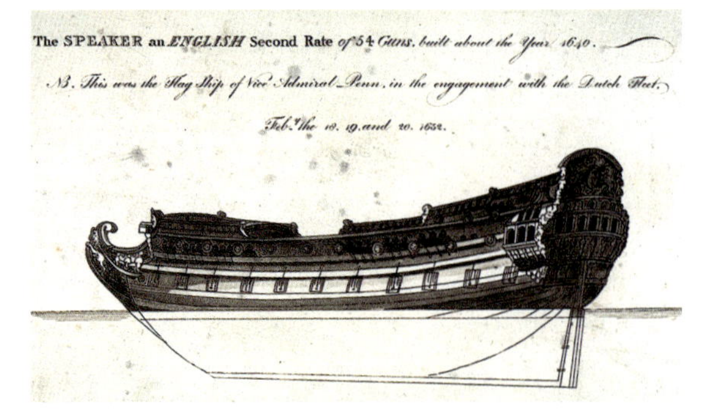

スピーカー号。激しく損傷しマストを失ったが、それでもスペインのテネリフェの恐るべき防御力をかいくぐった。

た」。しかし「われわれの砲撃か敵内部の事故によって、大量の火薬が爆発した。その後、敵は二度と砲撃してこなかった」。イギリス軍は夕暮れには安全な場所に到達したが、損傷したマストはその時点ですべて船から海中に落下した。

これはまさに大勝利だった。ブレイクは60人の部下を失い約140人が負傷したが、あれほど激しい攻撃を受けたというのに船は1隻も失わなかった。それに対してスペインは、沿岸砲の守りや荒れる風に助けられたにもかかわらず、すべての船が破壊された。

イングランド共和国議会は「神の驚くべき御心」と声高に称賛したが、イギリスが大きな報奨金を手に入れることはなかった。スペインが攻撃前に船から地金を陸揚げし、内陸部に隠していたためだ。しかし金はテネリフェ島に残されたままだったため、スペインもその恩恵を受けることはなかった。給与の未払いが原因で、スペイン陸軍はポルトガル攻撃の際に義務を放棄した。こうしてスペインは1667年にポルトガルの独立をしぶしぶ認めた。同じように、フランドルのスペイン軍への給料未払い問題もスペインを弱体化させた。スペインはもはや世界の強国とは言えず、その黄金期は終わりに近づいていた。

第2次英蘭戦争

17世紀になっても、海軍艦隊はさまざまなタイプの船の寄せ集めで、船長の能力にはさらに大きな差があった。いまだに商人が指揮官を務める艦隊もあった。戦闘のさなか、商人の船員が戦闘隊形の維持を忘れて、破損した敵船という大きな報償を追うこともめずらしくはなかった。しかし、そこに職業軍人が登場し始める。海軍本部は成長中だったが、するべきことは遅々として進まず不正行為も横行していた。その一方で造船工学の分野も発達し、軍律もつぎつぎと改定されていた。時を同じくして王政復古により即位したチャールズ2世は、イングランドの安定を目指していた。そのためオランダとの戦争には乗り気ではなかったが、商人階級は商業的に成功し続けるオランダを警戒した。そこでチャールズは小規模な遠征を許可した。そのうちのひとつは弟のヨーク公が指揮を執り、1664年8月に北米のオランダ植民地ニューアムステルダムに侵攻、町をニューヨークと改名した。経済的理由もあったが、チャールズ国王の宮廷での派閥争いも原因で、1665年3月、第2次英蘭戦争が布告された。

チャールズ2世。1660年の王政復古後は海外との紛争を避けようとしたが、財政難と商人階級による支援に依存したことが原因で、1665年、同地域のライバルであるオランダとの戦争に国を巻きこんだ。

1665年 ローストフトの海戦

5月、オランダ軍は外洋にあり、指揮官のヤコブ・ファン・ヴァッセナール・

［**左**］ヨーク公ジェームズ。チャールズ2世の弟。第2次英蘭戦争では海軍総司令官としてイングランド軍を率いた。1685年、チャールズ2世の死後ジェームズ2世として即位した。
［**右**］1664年のニューアムステルダムの風景。同年イギリスに攻略されたこの北米の町は、ニューヨークと改名され、さらにアメリカ内陸部を目指すイギリスの拠点のひとつとなった。

オブダム提督はイギリス軍打倒を命じられていた。両艦隊とも約100隻の構成でほぼ互角だったが、組織内部には違いがあった。政治的理由で、オランダ側には将官がそれぞれ指揮する21以上の分艦隊があり、それが7つの小艦隊に分けられていた。イギリス側は総司令官ヨーク公ジェームズのもと3つの小艦隊を持ち、ジェームズは中央艦隊を率いていた。プリンス・ルパートがヴァンこと前衛艦隊を、サンドウィッチ伯爵がしんがりについた。イギリス軍は一列の戦列で戦いに挑んだが、その陣形を保つことはできなかった。艦隊が衝突するにつれ戦いは混乱し、両軍ともに幾度も相手の戦列を突破したものの、それは作戦というより偶然の産物だった。戦いの過程で、旗艦ロイヤル・チャールズ号に座乗したヨーク公とエーンドラハト号のオブダム提督が直接対決をした。オランダの連鎖弾に後甲板

ローストフトの戦いはイギリスが圧勝したが、退却するオランダを攻めあぐね好機を活かせなかったため、第2次英蘭戦争がさらに2年以上も続くことになった。

を掃射され船員数人が殺されたときに、ヨーク公もこの初めての海戦で危うく命を落としかけた。オブダム提督は砲弾に倒れ、その直後に旗艦の弾薬庫が爆発し、多数の乗組員が戦死した。指揮官を失ったオランダは混乱に陥り退却した。その夜、ロイヤル・チャールズ号は敗走するオランダを執拗に追うことなく撤収した。遅ればせながら、王位継承者であるヨーク公の身の安全を確保したのだろう。交戦が終わる頃には4000人のオランダ人が死傷し、2000人が捕虜になった。オランダは32隻の船も失ったが、イギリスの損失はわずか1隻、死傷者数は約900人だった。この第2次英蘭戦争の最初の戦いではイギリスが制海権を握り、圧倒的勝利によって海軍は自信を新たにした。

1666年6月、マンク大将とプリンス・ルパートは統合司令官となり、敵艦隊の迎撃に出航した。チャールズ2世の甥にあたるプリンス・ルパートは経験豊富な指揮官だった。艦隊を分割する決断が下され、ルパートは小艦隊を率いて西へ向かい、現在オランダと同盟関係にあるフランス船を攻撃した。一方、アルベマール公に叙されたマンクは、54隻の船団でオーステンデとハリッジにはさまれたイギリス海峡を目指した。狙うはオランダのデ・ロイテル提督が指揮する84隻の艦隊だ。規模はオランダ艦隊のほうが大きかったが、マンクは長い流血の消耗戦で攻勢に出た。この戦いはのちに4日間海戦と呼ばれるようになる。しかし結局、数で圧倒されデ・ロイテル提督という戦術家と相対した戦いは、小規模なイギリス艦隊の敗北に終わった。イギリスは10隻の戦列艦を失い、さらに6隻の火船と10隻の船も拿捕された。オランダは戦列艦4隻と火船5隻を失った。イングランドでは反撃を求める声があがった。両国の戦いは続き、両軍ともにすぐに再装備に着手した。

1666年 セント・ジェームズ・デーの戦い

7月までに、両軍は新造船を手に入れ、それぞれの造船技師の柔軟な対応力を証明した。イングランドでは通信手段も含む追加の指示がプリンス・ルパートから発令され、戦闘手引書の改訂版がヨーク公によって公認された。そこでは艦隊が「敵艦を風下に留め（中略）戦列を保つようにとくに注意を払い、わが国のいかなる艦船にも発砲しないよう決死の覚悟で臨むこと」が強調された。風上の位置取りはよく知られた戦略だったが、いまやそれは戦闘を有利に進めるための必須条件となった。

プリンス・ルパート。職業軍人のルパートは、イングランド内戦では王党派の騎馬隊を率い、王政復古後は王立海軍の指揮官に出世した。

> 7月24日午後4時に、両艦隊が互いを目視した。イギリス軍は総勢81隻の戦艦で構成され、そのうち23隻は新造船だった。一方オランダは88隻、そこには8隻の新戦艦が含まれていた。翌日7月25日のセント・ジェームズ・デーに、両艦隊は戦陣を組んだ。イギリス前衛艦隊(赤)はサー・トマス・アリンが率いた。プリンス・ルパートとアルベマール公マンクは中央艦隊(白)のロイヤル・チャールズ号に座乗、後衛(青)の小艦隊の指揮はサー・ジェレミー・スミスが担った。オランダ軍の指揮官は前衛がヨハン・エフェルトセン提督、中央がデ・ロイテル、そして後衛艦隊は故マールテン・トロンプ提督の息子、コルネリス・トロンプだった。

午前10時頃始まった交戦で、最初にオランダの砲撃を受けたイギリス船はサー・トマス・テディマン中将のロイヤル・キャサリン号だった。両軍の先頭艦隊は非常に接近して戦った。戦闘開始早々にオランダの指揮官エフェルトセンが戦死したため、彼の旗艦は他の5隻に激突した。両軍の中央艦隊は午前11時に交戦状態に突入し、舷側砲で攻撃しながらマスケット銃の射程圏内に入るまで接近した。両軍による射撃や火船の使用で、海上はまさに大量殺戮の様相だった。「ロンドンでも1日中砲撃音が聞こえていた。一方、ブリュージュでは、家もベッドも大砲のとどろきで揺れていたらしい」と当時の市民は語っている。

現代の視点に立つと不可思議に思えるかもしれないが、戦いは絶え間なく続いていたわけではなく、船の位置もつねに把握されているわけでもなかった。戦艦が戦列をいったん離れて修理を受け、また戦闘に戻ることもあった。ロイヤル・チャールズ号とヘンリー号も修理のために退避しなければならなかった。戦いを目撃した軍医総監ジェームズ・ピアースはつぎのように述べている。

ミヒール・デ・ロイテル中将。真に偉大な海軍司令官だったロイテルは、第2次英蘭戦争でイギリスに戦いを挑み、多くの勝利を飾った。

> 3時頃、わが軍の提督が戦列から離れ、損傷の修理のため約1時間停泊し、その間ソヴリン号が代役を務めた。デ・ロイテルの火船が沈められた直後、撃ち落とされたメイン・トップマストが風を受けて艦隊に倒れ掛かった。3時から4時にかけて、ヘンリー号が両トップマストを損傷して戦列から離れた。この頃には、赤と青の艦隊のあいだに侵入していた船を除いて、全艦隊が風を受けて移動していた。4時頃、わが軍大将の船付近で1隻の船が燃えていることに気づいたが、それはわが軍の火船であると判断した。その1時間半後、われわれはロイヤル・オーク号付近で1隻の船が吹き飛ぶのを目撃し、それは敵船だと判断した。

修理されたロイヤル・チャールズ号は、デ・ロイテルの船へ向かい、ぶ厚い砲煙が両戦艦を覆い隠した。イギリスの後衛艦隊(青)は正午にすでに交戦しており、当初はトロンプの艦隊がわずかながら優勢だった。トロンプは自身の決断で船の隙間をかいくぐるようにオランダの後衛艦隊を先導し、乱戦をしかけていたのだ。午後4時頃、デ・ロイテルは残る7隻を率いて、退却する前衛艦隊を追うように南東に向かったが、イギリス軍に追跡された。

追跡は翌日も続いた。しかし総攻撃をまったく受けないまま、オランダの前衛部隊と中央艦隊はフリシンゲンに到達した。そこからわずか48キロの距離にいたトロンプは、最終的になんとかイギリス軍をかわし、7月27日にデ・ロイテルの艦隊と合流した。

オランダ側の負傷者は格段に多く、約4000人が戦死し3000人が負傷した。対するイギリス側は300–500人ほどが亡くなったと公表した。オランダは20隻を失ったが、イギリスの損失はレゾリューション号1隻のみだった。さらに、オランダは多くの海軍指揮官を失い、5人の将官や艦長数名も戦死した。

この海戦以降、デ・ロイテルはトロンプを職務怠慢だと非難し、トロンプはデ・ロイテルの小艦隊は逃走したと応酬した。その結果、トロンプが解任された。イングランドでは、後衛艦隊を率いたサー・ジェレミー・スミスがトロンプを取り逃がしたことで責められたが、アルベマール公に擁護され、チャールズ2世が疑いを晴らした。しかし、このような決定的勝利に対する国民の歓喜は長くは続かなかった。

1667年 オランダのメドウェイ川襲撃

1667年5月、チャールズ2世は財政難からイギリス艦隊に停泊を命じ、大型船をチャタムの海軍造船所付近のメドウェイ川へ曳航させた。平和条約の準備が進むなか、オランダの政治家ヨハン・デ・ウィットは他の計画を念頭に、ある襲撃を目論んでいた。

6月7日、オランダ艦隊はテムズ川河口に錨泊していた。そこは防御が薄かったので、デ・ロイテルは大きな手柄を狙うことができた。小規模な船団が本隊から離れてメドウェイ川に入り、警備艇のわきをかすめて一連の防御を突破し、大型船を攻撃したのだ。これらの船は無人で、武器も搭

ロイヤル・チャールズ号。メドウェイ川襲撃の際にオランダ軍によって曳航され、オランダで観光名物として展示されたため、チャールズ2世は頭を抱えた。

メドウェイ川襲撃。この大胆な攻撃により、第2次英蘭戦争の最後にオランダに軍配があがった。

載されていなかったので、オランダにとって格好の標的だった。ロイヤル・オーク号、ロイヤル・ロンドン号、ロイヤル・ジェームズ号は陸揚げされており、アルベマール公マンクの旗艦ロイヤル・チャールズ号は停泊中で、武器の多くは取りはずされていた。

襲撃の被害は甚大だった。日記に当時の詳細な記録を残した政治家にして、誕生直後の海軍本部の書記官でもあるサミュエル・ピープスは、チャタムの書記官エドワード・グレゴリーから被害の報告を受けた。

> あなたの期待に応えるために、わたしは憂鬱と格闘することでしょう。32門の真鍮の大砲を備えたロイヤル・チャールズ号とユニティ号は拿捕され、ロイヤル・ジェームズ号、ロイヤル・ロンドン号、ロイヤル・オーク号、マシアス号、チャールズ5世号、そしてサンクタ・マリア号は焼き払われ、マーマデューク号、5隻の火船、2隻のケッチ、1隻のフライボート、そしてドッガー船は沈没しました。(中略)敵の

ロイヤル・チャールズ号は1673年にスクラップとして売却されたが、船を拿捕したオランダ人は船尾部分を戦利品として手元に残した。現在はアムステルダムで展示されている。

> 損害は、10隻の火船が焼失、1隻の軍艦が(中略)自爆、もう1隻の大型船がやはり敵自らの手によって火を放たれました。

イギリスの作家ジョン・イーヴリンは、チャタムの悲劇を直接目撃し、傷つけられた国の威信をこう表現した。「他でもないテムズ川の河口に、彼らの艦隊は勝ち誇ったように停泊していた。(中略)イギリス人がかつて目にしたことがない恐ろしい光景であり、この不名誉が消えることは決してないだろう」。1667年7月31日、ブレダで平和条約が調印されたとき、オランダ軍はいまだにイギリス海峡に残っていた。第2次英蘭戦争は、イギリスにとって恥ずべき結果に終わった。

第3次英蘭戦争

第3次英蘭戦争が勃発したのは、虚栄心の強いチャールズ2世が財政難に陥り、フランスと密約を交わして打倒オランダを企てたことが原因だ。イギリス海軍はフランスの助けを借りてイギリス海軍によって海上のオランダの脅威を排除する思惑で、一方フランス軍は、小規模なイギリス部隊の支援を受けて、オランダへの陸上攻撃で主導権を握った。表向きは、イギリス海峡の領有権を主張するイギリスの言い分をオランダが相変わらず認めず、海峡でイギリス船に遭遇しても軍艦の国旗を下ろそうとしないことが開戦の理由だった。1672年3月12日、チャールズ2世は地中海から帰航するオランダの大規模な護送船団の攻撃を命じた。

オランダ海軍はいまだに楽な相手ではなかったが、英仏の連携は有利に働いた。イギリスには現在26の軍律と戦闘要綱が存在した。オランダも戦法に改良を重ね、一般的な戦闘要綱こそなかったものの戦列作戦を採用していた。戦闘前には、両軍とも指揮官のために戦闘序列を作成した。オランダもイギリスも海軍から商船を除外し始めており、軍艦の設計が発展し続けていた。第3次英蘭戦争中の4つの大きな戦いは、ソールベイの海戦、2回におよぶスホーネヴェルトの海戦、そして1673年のテセル島の海戦だが、いずれも乱戦と言われている。

第3次英蘭戦争のフランス海軍司令官、ジャン・デストレ

ソールベイの海戦で炎上するロイヤル・ジェームズ号。最新鋭の船で、革新的な新型艦砲「ルパーティノ」を搭載していたが、イギリス海軍に就役後わずか4か月で沈没した。

1672年 ソールベイの海戦

オランダの北海航行を港湾封鎖によって阻止するというヨーク公の意図に、フランスの海軍司令官ジャン・デストレ中将も同意した。同じ頃、オランダ軍はフランスとイギリス艦隊の合流を止めようと画策していた。両陣営ともに目標は達成できなかったが、オランダは連合軍を追い、5月28日にサフォーク付近のソールベイで奇襲に出た。フランス小艦隊は南へ向かい、オランダ小艦隊との長距離離戦に入った。一方、イギリスとオランダの残り

の艦隊は戦い抜き、オランダは風を味方につけた。サンドウィッチ伯は船の沈没後に溺死、ヨーク公は旗艦プリンス号からセント・マイケル号へ、そしてロンドン号へと将旗を移動せざるを得なかった。午後遅くに風向きがイギリス有利に変わると、オランダは撤退した。両軍ともに勝利を宣言したが、損失は大きかった。イギリスはフランスを責め、連合軍の編成は難しいと悟った。

1673年 スホーネヴェルトの海戦

ソールベイの海戦の翌年の6月、オランダと英仏連合艦隊はスホーネヴェルトで2回におよぶ海戦に臨んだ。オランダは陸上でもフランス軍に攻撃されその防御に当たっていたため、64隻の小規模な艦隊しか組織できなかった。デ・ロイテルは2回目のメドウェイ川襲撃を計画していたが、すでに防御が固くなっていたのでスヘルデ川河口へ退却した。プリンス・ルパートの艦隊は86隻で編成され、中央にフランス艦隊を置き、サー・エドワード・スプラーグが後衛艦隊を率いた。その後デ・ロイテルはトロンプ提督と合流した。プリンス・ルパートの艦隊は数では優っていたが、それは有利に働かなかった。というのもデ・ロイテルが隔離された浅瀬に陣取り、英仏の船の航行を妨害していたからだ。デ・ロイテルにとっては幼少期からなじみのある場所だったので、その知識を存分に生かした作戦だった。勇敢なリーダーだが洗練された戦術家ではないと評されているプリンス・ルパートは、トロンプと死闘を繰り広げ、連合軍は戦果がほとんどないまま退却を余儀なくされた。1週間後、両軍はふたたび相まみえ、またしてもデ・ロイテルの戦略が優勢な相手を撃退し、

連合軍はまったく戦果を残せなかった。フランスの小艦隊は期待された成果をあげられず、艦隊内での位置取りを変えてもやはり満足できる結果にはならなかった。デストレ提督と部下の士官たちはイギリスの戦闘要綱や手順が理解できず、戦術を誤解したり、どう進めばいいのかわからなかったりという状況もしばしばだった。

　これほど大規模な艦隊で11.2キロにもおよぶ長い戦列では、視界が開けているときでさえ通信や意思疎通が難しかった。スプラーグはのちにこうこぼしている。「プリンスは前衛艦隊を指揮し、フランス軍は中央に位置するが、戦列が(中略)非常に長く、司令官が出す合図が何ひとつ見えない」。のちに特定の状況に応じた行動を決めるためのルールが制定され、イギリスの戦闘要綱では艦船は一列に戦列を組んで戦うことが明言され、

［左］スホーネヴェルトの海戦。拡張しすぎた戦列、お粗末な戦略、英仏同盟間のコミュニケーション不足が原因で、2回にわたるスホーネヴェルトの海戦は2回ともオランダが勝利を宣言することとなった。

［下］イギリス海軍提督、サー・エドワード・スプラーグ

戦闘での優先事項も明らかにされた。オランダ艦隊の戦術も発達した。その戦術とはいまだにひっかけ鉤で敵の船に乗りこんでの移乗攻撃だったが、防御面ではまず戦列を組んでから2隻か3隻のグループに分かれるようになり、イギリスが戦列を突破しようとしたときに力を発揮した。

1673年 テセル島の海戦

8月11日、イギリス、フランス連合軍とオランダ艦隊がテセル島沖で衝突した。数字は連合軍に有利だった。連合軍86隻に対し、オランダ軍は60隻だったのだ。今回はフランスが前衛艦隊を務め、ルパートが中央を、スプラーグが後衛艦隊を率いた。デ・ロイテルが攻撃をしかけて中央艦隊に

向かい、トロンプはスプラーグに向かって航行した。このふたりは宿敵同士で、激しい戦闘になった。スプラーグは2度将旗を移動したが、直後に司令官艇が砲撃を受けて溺死した。一方フランスは風の恩恵を受けるために移動し、戦いに参加せよとのプリンス・ルパートの合図は無視したまま、戦闘からは安全な距離を保ち続けた。交戦が終わると、デ・ロイテルは1隻の損失もなく撤退し、母国侵略の脅威から国を守った。不利な事前予想

を覆したのだ。デ・ロイテルは、戦いで示した勇気とリーダーシップで一躍国の英雄になった。ヨーク公は感心した様子でオランダの提督を「現時点で世界でもっとも偉大な指揮官」と称えた。1674年2月9日、イギリスはオランダとの平和条約に同意し、そのわずか3年後、チャールズ2世の姪メアリ2世がオランダのオラニエ公ウィレムと結婚した。ふたりはのちにイングランドを共同統治し、その後両国の海軍は統合された。

テセル島の海戦。戦略的なオランダが勝利したテセル島の海戦で、1600年代の英蘭戦争は終結した(1780年代に第4次英蘭戦争が勃発する)。テセルのちょうど15年後、オランダのオラニエ公ウィレムがウィリアム3世としてイングランドの王位に就いた。

ラ・オーグの海戦

1688年、イングランド王ジェームズ2世はイギリスの国璽[国家の表象となる印章]をテムズ川に投げこんでロンドンから逃れ、事実上退位したとみなされた。この「名誉革命」後、プロテスタントの娘メアリとオランダ人の夫ウィリアムがイングランド初の共同統治者になった。フランスの助けを借りて王位復帰を試みたジェームズは、1689年3月にアイルランドに攻めこみ、部隊とともに南部に上陸したのちロンドンデリーを包囲した。アイルランド内の部隊の補強と支援の必要性から海軍が酷使され、内部では資金不足から不満が募っていた。一方、ルイ14世に仕える海軍大臣コルベールによって創設されたフランス海軍は、イギリス海軍より好調だった。80隻の艦隊を編成するために莫大な予算が使われており、戦艦自体もイギリスの戦艦より大型で重装備だった。

ラ・オーグの海戦で英蘭同盟を指揮したラッセル提督。ラッセルはいわゆる「不滅の7人」のひとりだ。彼ら貴族のグループは、1688年にオラニエ公ウィレムに招聘状を送り、ジェームズ2世を退位させイングランド王に即位してほしい旨を提案した。

1690年6月、ウィリアム3世はアイルランドへ向けて出航した。ジェームズとの戦いを直接指揮するためだった。同じ頃、大規模なフランス艦隊もブレストを出港し、イギリス海峡を航行していた。トリントン伯ハーバートは、フランス軍との交戦という厳命を与えられたが、内心は不安だった。艦隊は56隻で、オランダの小艦隊も含まれていた。対するフランス艦隊は75隻だった。両艦隊は6月30日にビーチー岬沖で相まみえ、フランス軍が勝利した。だが指揮官のトゥルヴィル伯は、勝利を決定的なものにしなかったためにのちに非難された。ジェームズ2世がアイルランドに渡って支持を固め、海軍が敗北したいま、イングランドが危機的状況にあることは明らかだ。だが翌日良い知らせが届いた。ウィリアム3世がジェームズ2世の軍をボイン川の戦いで破ったのだ。

ジェームズはフランスに戻ったが、イングランドの弱点を察知したルイ14世は、イングランドのトーベイに軍を上陸させ侵攻する計画を立てた。イギリス海峡の覇者を自認するフランスは、イギリス海軍の大部分はウィリアム王に不満を持っているとの報告を信用した。しかし、ウィリアムは

ウィリアム3世。イングランドの「招聘王」ウィリアムと妻メアリの共同統治で、立憲君主制の時代が始まった。それはイギリス連合王国で現在も続いている。

ラ・オーグの海戦。歴史に残る大きな戦闘だったこの海戦によって、イングランドに侵攻しジェームズ2世を復位させるというフランスの計画に終止符が打たれた。

フランス侵攻を目論んでおり、海軍は明らかに王に忠実だった。その忠誠心にも限界はあったかもしれないが。英蘭連合艦隊は、およそ3分の2がイギリス軍、3分の1がオランダ軍だったが、指揮官はつねにイギリス側だったため、当然ながらオランダには不評だった。しかもオランダ船はとりわけスピードが遅く、そのため同盟軍が作戦をともにするのは難しかった。

1692年5月9日、英蘭同盟軍の指揮官たちは、フランス海軍がノルマンディー沿岸のラ・オーグに集結していることを知った。フランス艦隊はチャンネル諸島を目指す計画と思われた。ラ・オーグは大規模なフランス海軍基地になる予定で、フランスの軍人建築家ヴォーバンは、戦艦が潮流に左右されずに停泊できるドック建設を計画していた。同じ案がダンケルクでは成功していたが、この段階ではラ・オーグの基地建設はまだ始まっていなかったので、船は沖合で錨泊するか、修理の際は陸揚げしなければならなかった。

5月19日、ラッセル提督指揮下の英蘭連合艦隊は、トゥルヴィル伯のフランス艦隊と対峙した。オランダの小艦隊は、3.2キロにもおよぶ戦列のかなり後方に位置していた。初期の交戦は中央艦隊で行われた。トゥルヴィル伯は猛攻をしかけ、連合軍の船が数隻でも逃走することを期待したがそうはならなかった。午後4時には、サー・クラウズリー・ショヴェル率いるオランダとイギリスの中央艦隊がフランスの戦列を突破していた。しかしフランス艦隊は混乱することなく規律を守り、西へ移動した。戦いが中断する夜のあいだに、イギリスとオランダの艦隊も強い潮流に乗って西へ移動したが、霧が深かったためフランス軍は姿を隠し続けた。フランス軍がひとつにまとまっていたのに対し、同盟軍は分散し、コミュニケー

崩壊するソレイユ・ロワイヤル号。このフランス旗艦の900人以上の乗員のうち、ラ・オーグの海戦での炎上、沈没を生き延びたのは水兵ひとりだけだった。

ションがとりにくかった。5月20日、風は東風で、両艦隊は修理のために錨を下ろした。互いの距離は3キロほどだった。この海域は上げ潮が強いため、どちらの指揮官も勝利をつかむためには風と潮の両方を最大限に利用しなければならないと充分理解していた。フランス軍の小艦隊のひとつが西風に抗ってアーグ岬を回りこみ、なんとかサン＝マロへ向かった。残りのフランス艦隊は強い上げ潮につかまり、連合艦隊ともども反対方向のバルフルールへ押し流された。トゥルヴィル伯は12隻でサン＝ヴァースト＝ラ＝ウーグに到達し、ふたつのグループに分かれた。そこをふたつの分艦隊を率いたラッセルが攻撃した。沿岸に接近できる喫水の浅い船を使ってフランス船の逃走を阻止しながら、連合艦隊は予備砲撃を開始した。潮流が有利になると、連合軍は火船を送りこみ、6隻のフランス船を破壊した。5月23日の朝、残りの6隻のフランス船が攻撃を受け、この先の侵略に備え大規模な部隊を運ぶためにそこを拠点に待機していた多数の輸送船も被害を受けた。その日のうちに、トゥルヴィル伯は12隻の戦艦と約30隻の輸送船を失った。陸上では、2万4000人以上のフランス部隊が待機していたが、国を追われたジェームズ2世とトゥルヴィル伯はその敗北を目の当たりにした。トゥルヴィル伯は旗艦ソレイユ・ロワイヤル号の炎上も目撃することとなった。

イギリスとオランダはこの海戦で圧倒的勝利をおさめたと主張した。パヌティエール指揮下のフランス小艦隊のひとつがサン＝マロに無事に到着してはいたが、この勝利はフランス軍侵攻の脅威を払拭した。メアリ女王は勝利を祝してグリニッジに海軍病院を設立した。しかし、すでに大規模な造船計画を進めていたフランスは、わずか1年で失われた船すべてを補充した。ここにきてフランス海軍の方針は「ゲール・デ・クルース」こと通商破壊（すべてのフランス船は、敵の商船を攻撃する自由裁量権を与えられる）になった。翌年トゥルヴィル伯は、スミルナ（現イズミル）へ向かう英蘭商船400隻ほどの大規模で利用価値のある護送船団の妨害をして、復讐を果たした。護送船団のおよそ4分の3は退避したが、92隻が沈没したり拿捕されたりした。損害は大きく、1666年のロンドン大火の被害に匹敵した。対するフランスは、戦利品を3000万リーブルで売却した——著名な海軍研究家の見積もりによると、フランス海軍1年分の予算に匹敵する額だったらしい。

ラ・オーグの海戦を記念した金貨。前景にイギリスとオランダの紋章が描かれている。

パッサロ岬の海戦

1717年、スペインは海軍を招集し地中海を東へ航行した。サルデーニャ島の占領に成功すると、兵士を乗せた艦隊はイタリア本土侵攻を目論みシチリア島を目指した。これはスペイン継承戦争後の条約で確立された微妙な平和バランスに対する直接的な脅威だった。同盟関係にあるイギリス、フランス、オーストリアは、ヨーロッパの安定のために幅広い基盤を作ることを目的としたユトレヒト条約の合意に従うよう、かねてからスペインの説得を試みていた。しかし、神聖ローマ帝国カール6世がスペイン領土のロンバルディア、サルデーニャ、ナポリを手に入れたことに対して、スペイン王フェリペ5世とイタリア人の妻は激怒していた。ふたりの野望はイタリアの州を奪還することだった。スペインを封じるために、イギリスは外交ルートで4大強国の同盟を組もうと努力していた。長年の宿敵であるフランスとイギリスがネーデルラント連邦共和国と手を組み、そこにオーストリアも加えようと目論んだのである。

[左]ジョージ・ビング提督。実力も人望もある海軍軍人で、パッサロ岬の海戦では艦隊を率い、1727年には海軍卿に就任した。
[右]アントニオ・カスタネータ。パッサロ岬の海戦のスペイン司令官だが、軍司令官よりも船舶設計家兼船舶建築家として名をはせた。ひとたび戦闘が始まるとジョージ・ビングにはかなわないことが判明した。

ビング提督のナポリの艦隊。イギリス海軍の船は、四国同盟が正式に締結されるように、シチリア島へ向かう途中で停泊した。

イギリス、フランス、オーストリアは、ヨーロッパ全土を巻きこむ戦争が勃発する前に、早急にスペインの軍事行動を止める必要に迫られた。その目的の達成にはイギリス海軍がもっとも適任とみなされた。そこで、1718年5月20日、サー・ジョージ・ビング提督の艦隊がイギリスから出航した。公式には宣戦布告はされておらず、交渉は続いていた。やがてビングはミノルカ島に到達し、そこでスペインがイングランドに敵対する国々と同盟を結び、ジョージ1世を退位させスチュアート家の「僭王」を即位させる計画だと知った。その時点でスペイン艦隊は1万6000人の部隊と8000人の騎兵隊を運ぶ輸送船と小型船を擁し、7月10日にシチリア島に到着、島の南側を占拠した。ビングはオーストリア総督とナポリで会談し、7月15日に四国同盟が結ばれた。その後ビングは、シチリア島のスペイン侵攻を止めるべく南下した。

ビングには行動力も決断力もあった。そんな彼は「指揮官が軍事会議を招集するのは、まったく請け負うつもりがないことから自身を遠ざけるときのみ」との見解だった。シチリア島とイタリア半島のあいだのメッシーナ海峡に到達すると、ビングはジョージ・ソーンダーズ大佐をスペイン軍司令官のもとへ送り、島を離れるよう要請を伝えた。しかし要求は拒絶され、ソーンダーズは、スペインにはナポリ王国攻撃の意志があるようだと報告した。そのためビングはスペイン海軍を攻撃するために海峡の航行続行を決めた。

シチリア島の南方沖で、ビングはスペイン艦隊の21隻の軍艦と火船、臼砲艦の戦列を発見した。スペイン軍はイギリス海軍の動きはもちろん、水面下で進行中の外交活動にもまったく気づいていなかった。そこでスペイン軍は戦列を維持したまま退却したが、夜間ずっとビングに追われ、翌朝にはほぼ追いつかれていた。スペインの軍艦の多くは軽量に造られていた。アントニオ・カスタネータ提督の設計による流線形軍艦で、そのおもな目的は戦列を組むことではなく商船の護衛だった。

まずはスペインの6隻の軍艦がガレー船、火船、臼砲艦とともに小グループを形成し、本隊から離れて沿岸へ向かった。それをジョージ・ウォルトン艦長のカンタベリー号が他の5隻とともに追跡した。その後イギリス艦隊の残りの船がスペイン軍と交戦した。ビングの船は戦列を形成せず、全艦追撃でスペイン艦隊を追った。その結果、艦長たちは同サイズの敵船と交戦するためスペイン戦列の左右どちらかに接近した。先頭のグラフトン

パッサロ岬の海戦では、スペイン人6000人が死傷したが、イギリス人死傷者は500人だった。スペインの戦列艦11隻が拿捕され、3隻は沈没した。イギリス海軍の船に損失はなかった。

号とオーフォード号は戦いをしかけず、後衛のスペイン船が船尾砲で攻撃を開始した。そこでイギリス側が応戦し、サンタ・ロサ号を拿捕した。その後のイギリス船も攻撃に成功し、午後1時にはケント号とグラフトン号がカスタネータ提督の旗艦と交戦していた。バーフラー号のビングは後衛だったが、ビングの義兄弟ストレインシャム・マスター艦長が60門艦のスパーブ号で手柄をあげ、スペインの総司令官を捕虜とした。残りのスペイン艦隊の戦いは順調で、そのうち2隻のスペイン船を指揮したのは元イギリス海軍艦長ジョージ・カモッケ少将だった。カモッケはスチュアート家の王位を支援したために、1714年にイギリス海軍を解任されていた。

その日のうちに、ビングの艦隊は21隻の強力なスペイン艦隊のうち11隻を拿捕、3隻を破壊し、イギリスに対抗するヨーロッパ連合の拡大とい

うスペインの野望を打ち砕いた。しかし、スペインにシチリア島をあきらめさせるにはさらに長い時間を要した。スペインがイタリアから手を引いたのは、シチリアの港湾封鎖やフランスのスペイン侵攻といった2年におよぶ軍事作戦でねじ伏せられたあとのことだ。ビング提督は地中海に残って外交面で重要な役割を果たし、英仏同盟は1731年まで続いた。

パッサロ岬の海戦を記念したメダル。古代ローマの海の神ネプチューンの姿を借りたジョージ1世や海軍の戦利品が描かれている。

フィニステレ岬の海戦

パッサロ岬の海戦から30年、イギリス、フランス、スペインは海洋貿易と植民地帝国をめぐるライバルになっていた。北米とインドではイギリスとフランスが権力闘争を繰り広げていた。イギリス海軍の最優先事項は、交易の保護と、フランスの援軍が海外拠点に到着するのを阻止することだった。1746年8月、ジョージ・アンソン少将が西部戦隊の指揮を命じられた。交易ルートを守り、敵の妨害をし、侵略防衛軍として航行することが目的だ。アンソンは1740–1744年にかけて世界1周に成功したことで知られる人物で、イギリス海峡の入り口を警護していた。

フランス軍はインドを標的に定め、1746年にはマドラスを占拠していた。だがその地位を強固なものにし、イギリスの貿易拠点を乗っ取るためには援軍が必要だった。そのため、1747年春、フランス東インド会社の18隻の商船がロシュフォールから3隻の軍艦の護衛を伴って送りこまれた。しかし強風のために遠方まで到達できず、カナダへ向かう24隻の商船で構成される別のフランス護送船団とエクス・ロードで合流した。この船団は、ジョンキエール少将率いる5隻の軍艦に護衛されていた。連合船団はマデイラ諸島まで行動を共にすると決め、5月2日にはフィニステレ岬の北方約3キロの地点に到達した。

フィニステレ岬の海戦でジョージ・アンソンの副司令官を務めたサー・ピーター・ウォレン少将。イギリス海軍の期待の星だったが、1752年に高熱のため48歳で急死した。

完全武装した商船とその護衛艦のこ

ジョージ・アンソン中将。フィニステレ岬の海戦でイギリス海軍を率いた。非常に有能な軍人にして優秀な行政官でもあり、海軍に多くの改革と効率性を導入した。

れほど大規模な船団が敵に気づかれないはずもなく、アンソンはすでにその艦隊を捜していた。アンソンはまずビスケイ湾の南を目指し、全艦の乗員を戦闘態勢に置いた。それから戦列を形成し、互いに1マイル(約1.6キロ)の距離を確保して、フランス艦隊を一斉に拿捕するための障壁を築いた。5月3日朝には、巨大な敵の船団を前方に確認した。

イギリスの画家サミュエル・スコットによるフィニステレ岬の海戦。戦闘はフランスに広範な影響を与え、カナダとインドにおけるフランスの立場が弱体化した。その結果、高まりつつあったイギリスの影響力がいっそう強化された。

アンソンにはフランス以上の船と銃があった。90門の旗艦プリンス・ジョージ号を含む戦列艦14隻、最低でも60門の船9隻、50門の攻撃艦2隻である。フランス軍提督はイギリス軍の追跡開始に気づき、イギリス艦隊と自国の商船団のあいだに旗艦を置いた。それから自軍の戦艦と、インディアマンこと東インド会社の大型貿易船3隻で戦列を形成した。イギリス船は前方で一直線になっていた。そこにはボスコウェン大佐が座乗するナミュール号も見えた。この段階での規律は厳しかった。というのも、戦列作戦は結束力と一斉攻撃によって大きな威力を発揮するからだ。アンソンに次ぐ副司令官でデヴォンシャー号に座乗するピーター・ウォレン少将は、敵の護送船団に追いつき逃亡を阻止しようとうずうずしていた。しか

［左］アンヴァンシーブル号。このフランス船を拿捕できたことはイギリスにとって価値があった。専門家が高度な造船技術を研究し、その成果をその後の海軍の戦艦設計に組み入れることができたためだ。たとえば、1747年にアンヴァンシーブル号が拿捕されたとき、イギリス艦隊には74門艦は存在しなかった。それが1805年のトラファルガーの海戦の頃には、イギリス海軍の戦列艦の4分の3がアンヴァンシーブル号に基づいて設計され、世界の大半の艦隊でも74門配置が標準になっていた。

［下］フィニステレ岬の海戦勝利の記念メダルには、海戦に参加した6人のおもな海軍司令官の名前が刻まれている。

しフランス船に向かって加速しようとした途端、すぐに定位置に呼び戻された。

早朝までに、アンソンはフランス戦列の中央へ主力艦を向かわせていた。するとフランス東インド会社の交易船2隻がパニックに陥り、戦列から離脱した。想定していた戦列が崩壊したことを見てとったジョンキエールは、退却を合図した。そこでアンソンは全艦追撃を命じた。戦列の制約から解放されると、賞金狙いで各艦は沸きかえり、午後4時に50門船センチュリオン号のデニス大佐が口火を切ってフランス軍と直接交戦した。その後もイギリス船は非常に効果的で正確な砲撃を続けながら敵船に押し寄せ、フランス船数隻を拿捕した。この海戦にかんする当時の報告によると、イギリスの司令官のあいだでさまざまな報奨をめぐり嫉妬に満ちた競争が繰り広げられたようだ。イギリスは合計6隻の軍艦と数隻のインディアマン、さらに5隻の商船、3隻のフリゲート艦を手に入れた。アンソンは勇敢なフランス軍に感銘を受けたが、戦闘に備えて自身が小艦隊に課したトレーニングの成果にも満足していた。アンソンの見解では、勝利はイギリスの砲撃の賜物だった。

> われわれの砲撃は、敵側より威力も大きく安定していた。それはわれわれの砲撃手が優秀だった証だ。(中略)彼らはつねにすばらしい振る舞いだったが、名誉と名声ある船を失った。だが虚栄心ではなくこう言える。われわれの船は敵よりも訓練され、攻撃も敵より激しかった。だから全艦隊が奮い立つ前に、どちらの攻撃がすぐれているか簡単に判断できた。そして彼らの船は、交戦したわが艦隊の船より強さでは優れていた。

イギリスに喜ばしい知らせを届けたのは、センチュリオン号のデニス大佐だった。彼は褒賞として500ポンドを受け取った。アンソンは爵位を授かり、かなりの報奨金によって潤った。そして4年後には海軍卿に就任した。フィニステレ岬の海戦で拿捕されたフランスのアンヴァンシーブル号は建造後わずか3年の74門艦で、フランス海軍建築技師による新設計だった。それがイギリス海軍に加わったので、細部まで徹底的に分析され、未来の戦艦のモデルとして使われた。フランスではオルテガル岬の海戦と呼ばれるこの戦いは、戦略的により広い意味を持った。フランスの海軍力は低下し、必要な援軍や支援はカナダにもインドにも到着せず、そこでのフランスの地位は弱まった。この海戦では、よく訓練され統率された部隊には勝利の可能性があること、そして定石の戦術を厳密に守るよりもリスクを承知で賭けに出て柔軟に動くほうが勝利に近づけることが、戦術の教訓として残された。

キブロン湾の海戦

1739–1815年にかけて、イギリスとフランスは断続的な交戦状態にあった。1756年に始まった7年戦争はヨーロッパの大国すべてを巻きこみ、北米ではイギリスとフランスの覇権争いの形をとった。そもそもこれには、フランスとイギリスの北米移住者のあいだの軋轢が大きく影響していた。キブロン湾の海戦は、イギリス海軍の長い歴史のなかでもっとも見事でもっとも重要な勝利のひとつと言われてきた。強風のなか、岩だらけの海岸の浅瀬で行われた危険な戦いの勝利は、砲撃力のみならず、優れた操船術の結果でもあった。

イギリスの北米での動きを抑えるべく、フランスはイギリスへの侵攻を決断し、艦隊の編成を始めた。しかしフランス海軍の戦力は分散していた。マルキ・ド・コンフラン率いる21隻の戦艦はフランス北西部のブレストを、そして12隻の小艦隊は地中海のトゥーロンを拠点にしていたためだ。一方、フランス部隊はブルターニュのヴァンヌとオーステンデに集結していた。フランス艦隊が移動するにはイギリスによるブレスト封鎖を突破する必要があることをイギリスは充分理解していたため、封鎖を続け、1759年5月

キブロン湾の海戦でイギリス海軍を指揮したエドワード・ホーク提督。その海戦での勝利は総合的かつ決定的だった。それでもホークはのちに、交戦を終えるのが早すぎたと述べ、日没までまだ2時間あり、それだけあればフランス軍を壊滅状態にできたのにと嘆いた。

にはサー・エドワード・ホーク提督を送りこみ成果を高めようとした。

港湾封鎖は兵站上は難しい作戦で、生鮮食品の不足からしばしば深刻な健康問題を乗員に引き起こした。6か月以上にわたって最低でも32隻の大規模な艦隊を戦列に留められたことは、ホーク提督の手腕を物語っている。生きた牛、野菜、ビールをプリマスから封鎖海域まで運ぶ定期供給システムを確立したことで、ホークは夏から秋にかけて船と乗員の健康を守ったのだ。それには海軍軍医のジェームズ・リンドも驚嘆している。

キブロン湾の海戦は、世界1の海軍国家というイギリスの地位を決定づけた。ある海軍史研究家によるとこれは「帆船時代のもっとも劇的な海戦」でもあった。

> これは記録に値する情報だろう。船に閉じこめられた1万4000人の乗員が6–7か月間、水上でより良い健康状態を享受し続けたのだ。そうだとすれば、世界でもっとも快適な場所で非常に多くの人々が健康を享受するだろうことは容易に想像がつく。

定期訓練は、兵士がいつでも実戦に出られるように身体を保つための基本だった。ふたつの大規模艦隊が交戦する可能性を考えて、ホークは艦長たちに接近戦の重要性を印象づけた。戦闘要綱では標準的な戦列が重要視された一方で、ホークは敵の追跡を好んだ。しかし、つねに封鎖のための定位置を保つことができたわけではなく、ホークはたびたびブレストを離れることを強いられた。原因は、乗員の健康状態ではなく天候だった。

11月の強い西風のために、イギリス艦隊はトーベイに退避した。そして11月16日、ホークはフランス艦隊がブレスト港から脱出したと耳にした。強風にもかかわらず、ホークは追跡を開始し、数日後ブルターニュ地方のキベロン湾へ向かうフランス軍を発見した。フランス側は21隻、対するホークは23隻の戦列艦という陣容だ。フランス軍は人員不足に苦しんでいたため、乗員の3分の1は経験の浅い船員だった。それに対しイギリス艦隊は乗組員の訓練のために継続的に海に出ていた。フランス軍司令官は、まだ時間はあると思いこみ、日が暮れて強風が吹くなかで岩だらけのキベロン湾の未知の海域へ入るようなリスクをイギリス軍は冒さないだろうと考えた。しかしホークは危険を顧みず追跡の継続を決め、ひたすらフランス軍と同じルートをたどった。彼らを水先案内人として有効活用したのだ。昼下がりにはイギリス軍はフランス艦隊に追いつき、ホークは総攻撃を命じた。

風はフランス軍に不利な向きに変わったが、イギリス軍の航行上のリスクもいまだに非常に高かった。フランス軍司令官コンフランはホークの標的にされ、続く交戦でも逃走できなかった。荒れ狂う海で激戦が繰り広げられ、決着がついたのは朝陽のなかだった。総計でフランスは戦列艦7隻を失った。コンフランの旗艦をはじめ6隻が大破あるいは沈没し、その他は拿捕された。それに対してイギリスの損失はわずか2隻で、その乗員も救助された。ブレストのフランス艦隊の被害は大きく、イギリスはその年

リチャード・ライト画「キブロン湾の海戦――その翌日」(1760年)は、フランスの北米における軍事的野望の終焉の象徴として、文字どおりの意味と比喩的意味での難破を描いている。

を勝利で締めくくった。

この成功の大半はホークに負うところが大きいと言える。彼はずば抜けた能力を持つイギリスの司令官であり、「非常に冷静で、道徳心と豪胆さを兼ね備えていた」と称されてきた。報告のなかで、ホークは喪失した2隻に触れてこう述べている。

> 作戦決行の日の強風、飛ぶように逃げる敵、あっという間に終わる1日、われわれがいる海岸。わたしはあえて断言しよう。できることはすべてやりつくしたと。われわれが被った損失については、強力な敵を破るためにわたしが冒したすべての危険のために必要だったということにしよう。

ホークは荒天や航行のリスクをものともせず、決然と攻撃した。そしてフランス艦隊を相手に劇的勝利を飾り、フランス艦隊は戦闘能力を失った。フランス海軍はすっかり士気をくじかれたのだ。マニフィーク号のビゴ大佐はこう記している。「わたしはすべてを知っているわけではない。だが充分

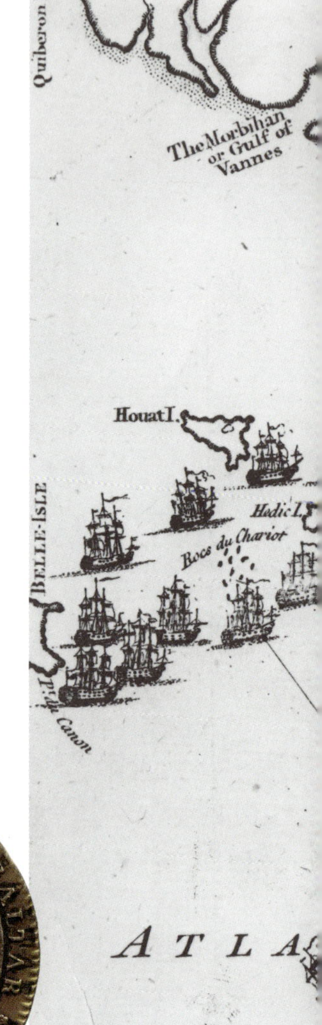

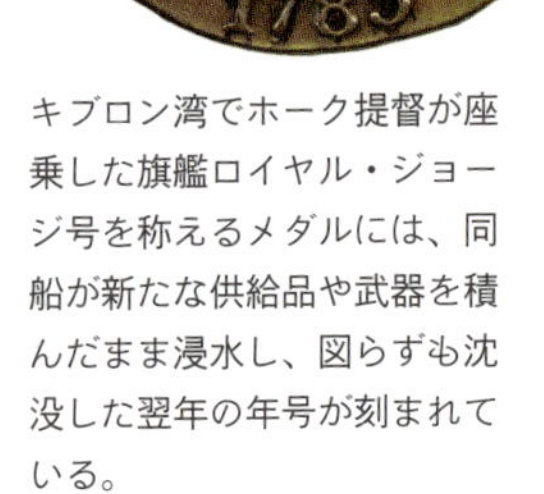

キブロン湾でホーク提督が座乗した旗艦ロイヤル・ジョージ号を称えるメダルには、同船が新たな供給品や武器を積んだまま浸水し、図らずも沈没した翌年の年号が刻まれている。

に知っている。20日の海戦で海軍は全滅し、作戦は終わりを告げたのだ」

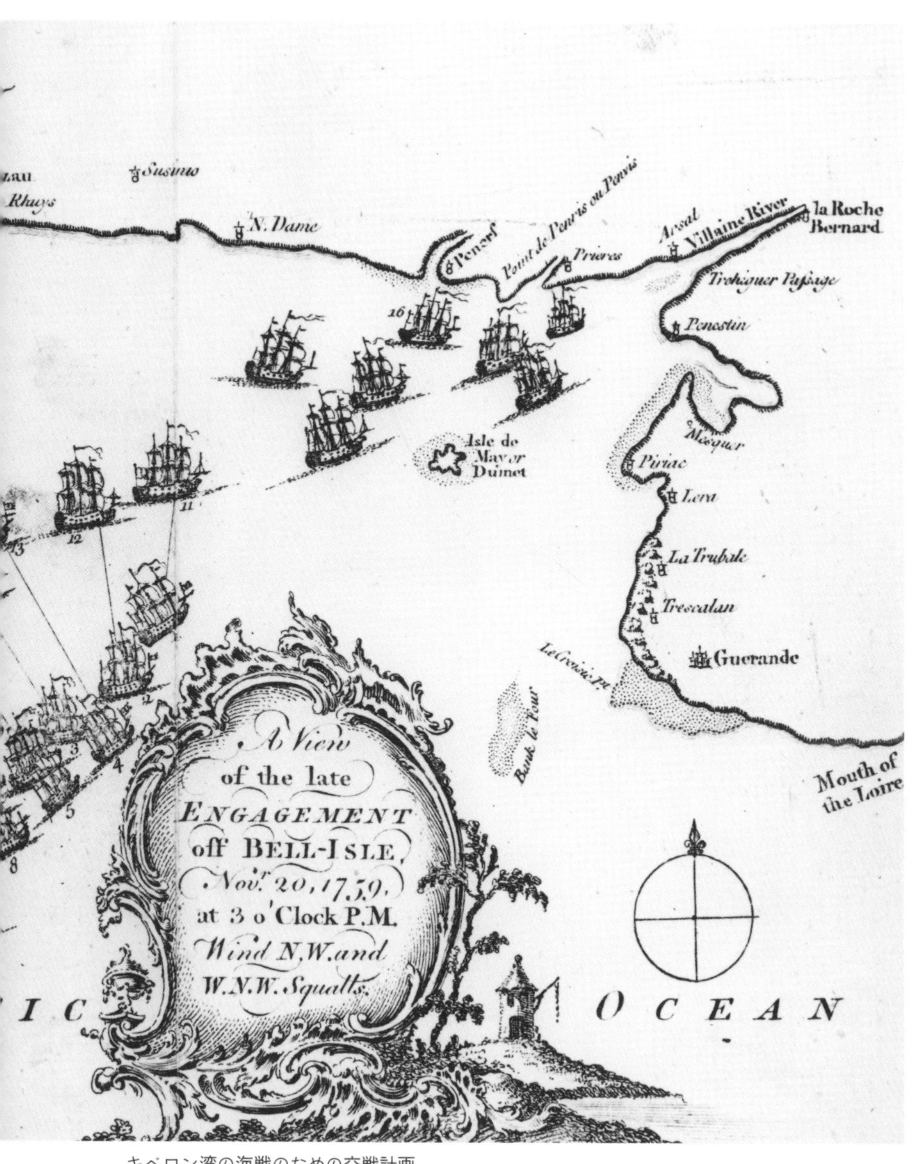

キベロン湾の海戦のための交戦計画

フランバラ岬の海戦

ジョン・ポール・ジョーンズは、アメリカ海軍の偉大な英雄のひとりというすばらしい身分を享受しているが、彼のもっとも大きな功績は当時はほとんど評価されなかった。アメリカ独立戦争中、アメリカ海軍は規模も活動範囲もごく限られ、海上での活動の多くは私掠行為だった。私掠とは、国の許可を得た民間船が敵の商船を攻撃する海賊行為だ。私掠は日和見主義者のゲームだが、ジョン・ポール・ジョーンズはまさしく日和見主義者であり、一匹狼だった。伝記作家のひとりは彼を「屈強で短気、自己中心的で攻撃的、そして魅力的」であると評し、経済的にも社会的にも向上するという確固たる意志を持っていたと述べている。ジョーンズは、生まれ故郷のスコットランドを去って以来、多彩で物議を醸すキャリアを積んでいた。1775年には黎明期のアメリカ海軍で大尉になるためにコネを利用している。アメリカ海軍には大型艦船はほとんどなく、速度の出る小型船で商船を攻撃したが、ジョーンズはそこで大きな成功を収めた。

ジョン・ポール・ジョーンズ。スコットランド生まれの海軍指揮官は、戦争での大胆な指揮が理由でしばしば「アメリカ海軍の父」と称される。彼の非凡だが、強引な性質のせいで第2の祖国アメリカでは友人も敵も多かった。アメリカ独立戦争後は正規の指揮官の地位を得られず、少将としてロシア海軍に入隊した。

フランスがアメリカの同盟国として独立戦争に参加すると、ジョーンズは1777年に18門のスループ型帆船

ボノム・リシャール号(フランス語で「善良なるリチャード」の意味)。当初はデュク・ド・デュラス号という船名だったが、ジョン・ポール・ジョーンズは、自身の友人でアメリカの政治家、外交官、そして発明家のベンジャミン・フランクリンの著書『貧しきリチャードの暦』にちなんで改名した。

レンジャー号でヴァージニアから出航し、道中2隻の船を拿捕した。ナントに到達したのちしばらくパリで過ごし、大型船とさらなる支援をフランスに強く求めた。その後1778年春、同じくスループ船レンジャー号でアイリッシュ海へ向かった。幼少期からよく知るイングランド北西部で、ジョーンズは大胆にも沿岸部に侵攻した。ホワイトヘヴンに上陸し、その古い砦に火を放ったのもそのときのことだ。彼が拿捕した船のなかには、イギリスの20門の小型フリゲート艦ドレイク号もあった。これはイギリスのニュースで大きく取りあげられ、イギリス政府をいらだたせた。だが

フランスは満足し、ジョーンズに褒美として900トンの大型インディアマンを与え、ジョーンズはそれをボノム・リシャール号と改名した。

その後ジョーンズは、イギリス商船に陽動作戦をしかけて西仏艦隊を支援するために、イギリス海峡へ向けて出航した。彼の小艦隊は正式にはフランス海軍に属していなかったが、フランス国王の所有船である36門フリゲート艦アリアンス号、32門のパラス号、12門のヴェンジャンス号が含まれていた。ジョーンズはイギリスやアイルランド周辺を小艦隊で航行し、多くの敵船を拿捕した。一時はエジンバラの港町リースに対して、奪った船の買い戻し金を要求しようとしたが、それは悪天候で実現しなかった。9月20日、南へ向かっていたジョーンズの艦隊は、バルト海からの大規模な護送船団をイーストコースト沖で発見した。護衛するのはイギリスの軍艦で、20門のカウンテス・オブ・スカボロー号と、44門のフリゲート艦セラピス号の2隻だ。このイギリス海軍の護衛艦のおかげで商船は分散し、難を逃れることができた。それから護衛艦はジョーンズの部隊に向かってきた。

ジョーンズは自身の4隻を駆使してすぐさま優位に立てるはずだったが、小型のヴェンジャンス号は交戦を

ピアソン大佐が所有していたと思われるひと組のピストル。ボノム・リシャール号との戦いで使われたものかもしれない。

フランバラ岬の海戦は1779年9月23日にヨークシャー東部の沿岸で始まった。アメリカでは海軍初期の成功として称えられている。

避けた。さらに、アリアンス号の艦長ピエール・ランデは、少々風変わりなフランス人だった。セラピス号とボノム・リシャール号が接近戦に入り、ボノム・リシャール号が口火を切ると戦いは激化した。ボノム・リシャール号の18ポンド砲2門が炸裂して爆発が起こり、同時に32門のパラス号がカウンテス・オブ・スカボロー号を拿捕した。セラピス号とボノム・リシャール号の戦いでは、規模も大きく乗員も訓練を積んでいるイギリス船が優勢に見えた。セラピス号のピアソン大佐は甲板への攻撃を狙って敵船の舳先を横切ろうとし、一方ジョーンズはセラピス号の船尾に舳先を向け、その巨大な船に乗り移ろうとした。2隻が接近して砲撃すると砲弾がアメリカ国旗に命中し、ピアソンは相手が降伏するだろうと推測して「おまえの船は白旗をあげたのか？」と叫んだ。これがきっかけで、アメリカ史上もっとも有名な言い回しのひとつが生まれた。船が沈没の危機にあったにもかかわらず、ジョーンズは挑戦的にこう答えたのだ。「戦いはこれからだ！」

2隻の戦いは続いた。だがセラピス号の開いたハッチに手榴弾が投げこまれて爆発し、20人の兵士が亡くなると潮目が変わった。アリアンス号はそれまで目立った働きをしていなかったが、ボノム・リシャール号の援軍にまわり、セラピス号のピアソンは降伏した。しかし、戦闘の混乱のなかで、アリアンス号がボノム・リシャール号を誤って砲撃した。のちにジョン・ポール・ジョーンズは、アリアンス号のフランス人船長がセラピス号を助けようとしたのだと誤解し、非難した。小艦隊は敵船を拿捕したが、ボノム・リシャール号は放棄せざるを得なかった。そこでジョーンズはセラピス号を奪い、アムステルダムに意気揚々と航行した。そこでは温かく迎えられたが、イギリス大使からオランダへ抗議があり、すぐにロリアンへ向かわなければならなくなった。捕虜はフランスへ引き渡され、セラピス号はのちにフランス国王ルイ16世の手に渡った。

このイギリスの軍艦2隻の拿捕によってアメリカ人の士気がおおいに上がり、ヨーロッパではジョン・ポール・ジョーンズの名声が高まった。フランスからは栄誉を授かり、大勢の民衆に歓迎された。アメリカでは、ほぼ破産した連邦議会にできることはほとんどなく、彼に謝辞を伝え、別の船の指揮権を与えるのがせいぜいだった。しかもジョーンズの船の進水準備が整う頃には戦争はほぼ終結していた。アメリカの歴史家たちは、ジョーンズは超一流の熟練した船長ではあるが「経験が豊富すぎるがゆえに傲慢で、実戦向きの司令官ではなかった」と指摘している。ジョーンズがふたたび戦艦の指揮を執ることはなかったが、しばらくのあいだロシア海軍に在籍し、1792年にパリで他界した。

チェサピーク湾の海戦

チェサピーク湾の海戦は、勝敗が判然としない、つまりどちらの軍にとっても完全な勝利とは言えない海戦の好例だが、陸上での影響は重大だった。アメリカの独立戦争中、その同盟国がイギリス艦隊を撃退した結果、イギリス軍は地上戦でも敗北した。このように、フランス海軍と同盟国のスペイン、オランダの海軍は、アメリカ独立に大きく貢献したのである。

その当時、アメリカには自前の本格的海軍はなく、造船の経験もほとんどなかった。イギリス海軍が海軍造船所や厳重に監視できる民間造船所で軍艦を建造したがったためだ。しかしアメリカ植民地は、私掠船ではずば抜けていた。スピード重視で造られ、敵の商船を拿捕するために使われる船だ。ジェンキンスの耳の戦争や七年戦争では数百隻が関係した。しかし軍備は不充分で、人員配置にも問題があった。大半のアメリカ人は商船に乗船していたので、軍艦での生活にもすぐに適応したが、彼らを束ねる経験豊富な海軍士官はごくわずかだった。そのためフランス海軍をはじめ同盟

[左]チェサピーク湾の海戦の勝者、フランスのグラス提督
[右]チェサピーク湾の海戦におけるイギリス海軍副司令官サー・サミュエル・フッド少将。戦闘中に上官のサー・トマス・グレイヴスを充分に援護しなかったことで批判されてきた。

国の支援が不可欠だった。

フランスのアメリカ支援には、いくつもの複雑な要素が絡んでいた。フランスはワシントン軍の人員補強のために兵員輸送を行い、海軍は西インド諸島でイギリスと戦っていた。フランスは何がなんでも西インド諸島の領土を取り戻す決意で、それがイギリス海軍の一部がその地域を占領し続ける理由にもなっていた。1781年3月、グラス提督が西インド諸島を目指してフランスから出航した。その艦隊は20隻の戦列艦、フリゲート艦、輸送船、補給船で編成されかなり大規模だった。その一方で、ロシャンボー将軍がフランスの遠征軍をニューポートに上陸させていた。

西インド諸島では、グラスが首尾よくセントルシアを制圧し、その後ロ

1781年9月5日のチェサピーク湾の海戦。イギリス海軍にとっては海での敗戦だったが、陸上への影響も非常に大きかった。当時の新聞はこう指摘した。「アメリカの運命は、9月5日の戦闘の功罪にかかっていると言えるかもしれない」

シャンボーへの援軍部隊を集めるためにハイチへ向かった。アメリカでは、コーンウォリス指揮下のイギリス軍がカロライナとヴァージニアを経由してチェサピーク湾に向かっていた。一方、ロシャンボー将軍はジョージ・ワシントン率いる大陸軍に加わるために北から向かっていた。どちらの軍も補給のために海岸へのルートを確保したかったので、グラスは同盟軍を支援するためにチェサピーク湾入り江のハンプトン水道を目指すと決めた。

西インド諸島のイギリス小艦隊は、サー・サミュエル・フッド少将が率いていた。西インド諸島ではハリケーンの季節が近づいていたので、ロドニー提督は北米の援軍とグラスの小艦隊発見のために10隻の戦列艦とともにフッドを送りこんだ。フッドはグラスより早くハンプトン水道に到着することでグラスを阻止しようとしたが、そこに船影がないとわかるとハドソン川へ向かい、トマス・グレイヴス上級少将が指揮する艦隊に遭遇した。その後グラス率いるフランス艦隊がハンプトン水道に到着し、なんの妨害も受けずにワシントンへの援軍を上陸させた。

一方、コーンウォリスはヨークタウンの守備を固め、イギリス海軍との合流を待ち受けていた。大陸軍がヴァージニアへ移動していると気づいたグレイヴスとフッドはハドソン川を離れ、ヨークタウンのイギリス軍の支援に向かった。ロードアイランド沖のバラス伯サン・ローラン指揮下のフランス軍がグラスの艦隊とチェサピーク湾で合流することを懸念したのだ。

グレイヴスとフッドが到着すると、イギリス軍が優位に立った。というのもフランス軍はイギリス側の援軍到着を予測していなかったためだ。イギリスの帆船が視界に入り、軍艦は少なくとも20隻と知らされたとき、グラスは自軍の船を狭い海峡から湾へと急遽移動させた。このとき、グレイヴスが戦術的ミスを犯す。フランスの戦艦を個々に攻撃することなく、彼らが戦列を形成するのをまんまと許してしまったのだ。海軍本部の戦闘要綱はこの状況では融通が利かず、イギリス艦隊の船同士の通信も混乱した。そのため、不意打ちで午前10時に到着したにもかかわらず、実際に戦闘が始まったのは午後4時で、しかもフランス軍が善戦した。戦いには自主的決断力と戦略的柔軟性が必要だが、フッドはどちらもあまり持ち合わせていなかったため、戦いの大半はグレイヴスに託された。死傷者はフランスが220人、イギリスが336人だったが、イギリス船の損害は不釣り

チェサピーク湾の海戦とヨークタウンの包囲攻撃を描いたフランス軍の地図

合いに大きかった。深刻な被害を被ったフランス船が2隻のみだったのに対し、イギリス船の5隻が深刻な状態で、1隻は放棄しなければならなかった。

ヨークタウンで降伏するコーンウォリス。もしイギリス海軍がチェサピーク湾で勝利していたらジョージ・ワシントンは独立戦争を続けられなかっただろうという説には、議論の余地がある。

この交戦は混沌とした戦いだった。フランス軍はチェサピーク湾に帰還できたが、グレイヴスとフッドはニューヨークへ戻り、船の修理に当たった。フランス軍の攻城部隊を乗せたバラス少将の艦隊は無事にチェサピーク湾に到達したので、グラスはいまや36隻の軍艦を手に入れた。湾の沿岸一帯を支配したワシントンとロシャンボーはヨークタウンを標的に定め、10月19日、コーンウォリスは降伏した。チェサピーク湾の海戦でフランス海軍がイギリス軍に勝利したために、ヨークタウンは陥落し、アメリカは経済破綻をまぬがれた。イギリス海軍内部では非難合戦が始まり、フッドは自軍の船が接近戦に加わらなかったのはグレイヴスの合図がお粗末だったためだと述べ、当のグレイヴスは責任を一身に引き受けた。ロドニー提督は全員を責め、自分にはこうなることがわかっていたと言い逃れをした。

セインツの海戦

勝敗が判然としないチェサピーク湾の海戦でヨークタウンが陥落して1年、フランスのグラス提督とイギリスのロドニー提督は、別の大一番で相まみえた。今回の戦いの舞台は西インド諸島で、チェサピーク湾の海戦で顔を合わせた指揮官全員が参戦した。グラス、バラス、グレイヴス、そしてフッドは、1781年11月には各々の拠点に戻っていた。

前回の戦いでの貢献は限定的と見られていたフッドだったが、セント・キッツ島での巧みな戦術と磨きあげられた操艦術で汚名を返上した。フランス海軍はセント・キッツ島を支配するために陸上部隊の上陸を援助していた。そして1月25日、フッドは包囲されたイギリス守備隊の救出を試みた。彼はグラスを停泊地からおびきだしてその背後に回りこみ、フランス軍を湾内に引き留めるために海岸近くに投錨した。しかし、陸上部隊の不足から、上陸して援助しようにもフッドにできることはほとんどなく、22隻の艦隊は30隻のフランス軍を相手にするには力不足だった。イギリス守備隊が陥落したとき、フッドの艦隊は地上と海上のフランス軍にはさまれ危機的状況にあった。しかし午後11時、事前に慎重に準備された作戦で、各イギリ

セインツの海戦の勝者、ロドニー提督。彼は開戦前に財務不正の告発に対処するためにイングランドに呼び戻されるところだった。しかし、ジャマイカをフランス軍から守ることに成功したために状況が変わり、国の英雄になった。

セインツの海戦のフランス軍旗艦、ヴィル・ド・パリ号。マストと舵が戦闘中に破壊され、イギリス海軍に拿捕された。1782年9月、修繕を経てイングランドへの帰航途上にハリケーンにあい難破した。

ス船は錨を切って音もなく動きだし、翌朝フランス軍はもぬけの殻となった湾を発見することとなった。

フランス軍は領土奪還作戦を継続し、ジャマイカを重要な標的に定めた。その豊かな土地を手中に収めれば、経済的にも戦術的にもイギリスに打撃を与えるだろうからだ。4月8日、グラスは34隻の戦列艦を率いて、マルティニークのフランス海軍基地フォール・ロワイヤルの部隊1万人を乗せた輸送船団を護衛していた。スペイン軍と合流してジャマイカを攻撃する計画だったが、これには失敗した。イギリスの36隻の戦列艦に追跡されたためだ。イギリス艦隊を率いていたのは、セントルシアから出航したロドニー提督とサミュエル・フッドだった。これがきっかけで、ドミニカ島とグアドループ島にはさまれた海域をめぐるセインツの海戦が始まった。

1782年4月12日早朝、両国の艦隊はわずか20–25キロの距離にあった。午前8時、イギリスのテイラー・ペニーのマールバラ号が攻撃を開始した。

セインツの海戦は、アメリカ独立戦争中、イギリスがフランスを倒したもっとも重要な勝利だった。

この時点で両艦隊は戦列を組み、互いに攻撃しながらフランス軍は南へ、イギリス軍は北へ移動した。風は不安定で弱く、そのため両軍の戦術に支障をきたした。しかし、トップスル［トップマストにつける横帆］を逆帆にして前進速度を遅くすることで、グラスの旗艦ヴィル・ド・パリ号と戦列中央のロドニーの旗艦フォーミダブル号のあいだでは長時間にわたって砲撃が繰り返された。それで砲煙が大量に発生し、視界不良になるという問題が起きた。微風では煙を吹き流すことができなかったのだ。

午前9時には風向きが変わり、フランス艦隊は針路を維持するのが難しくなった。つぎつぎと衝突が起こり、イギリス軍に優勢な展開になった。フランスのグロリュー号のマストはイギリスのカナダ号の攻撃で折れ、その重いマストが舷側に倒れこんだため、グロリュー号は砲門を下に転覆した。そこでロドニーはフランスの戦列を突破し、フランス船4隻の拿捕に成功した。ナミュール号、セント・オールバンズ号、カナダ号、レパルス号、エイジャックス号も彼に続いた。アフレック准将のベッドフォード号も第3弾の突撃でフランス戦列を同じようにばらばらにした。この戦列の分断は、のちにネルソン提督もみごとに使いこなした非常に重要な戦略だったと主張されてきたが、じつは計画的な作戦ではなかった。風のなせる業で意図的ではなく、最終的に完全に成功

フランスの戦列を突破するイギリス海軍。これがロドニー提督による戦略的成功なのか、ただの幸運な偶然だったのか、さまざまな見解がある。

したわけでもなかったのだ。実際、ロドニーはフランス艦隊を壊滅させるために出航したのだったが、グラスの旗艦こそ止められたものの、フランス艦隊の大部分を遁走させてしまった。

午前9時30分には、フランス軍はいくつもの無秩序な集団に分散していた。死傷者も多く、とくに多くの部隊を運ぶ輸送船でそれが顕著だった。イギリス船バーフラー号の航海日誌の抜粋では、微風の影響によるスローモーション効果が示唆されている。

10時45分、バーフラー号が砲撃を止めると、敵の最後の船が通過していた。弱い風が船上で静かになる。2隻の小舟がおろされ、船の舳先を敵に向かって引いていく。煙が晴れると敵の艦隊が下がり、われわれの戦列が敵に相対しているのがわかった。船の舳先を敵に向けた。われわれは策具装置を組み直し、できる限りの帆を張った。

セインツの海戦を記念したバッジ

ロドニーは艦隊を集め、午後にふたたび攻撃した。当初は戦列を維持していたが、その後各船を解放し、「各々の指揮官が最適な判断をして、敵をいらだたせた」。午後の半ばまでに、イギリス軍は多くの敵船を拿捕していた。なかでももっとも価値があったのはフランスの110門の旗艦ヴィル・ド・パリ号だ。その後1週間で、さらに多くのフランス船が拿捕された。総計で、ロドニーの艦隊は7隻の戦列艦を拿捕した。ロドニーがとくに喜んだのはアーデント号の拿捕だった。ジャマイカ侵攻用に設計されたフランスの攻城砲列を積んでいたためだ。ロドニーの勝利は戦局を逆転させたが、その後副将サミュエル・フッドに、勝利後も敵船を追跡すべきだったと批判された。

5月18日にロンドンに勝利の知らせが届くと祝福ムードが広がり、かがり火と花火がイギリス中の町々で見られた。ロドニーの姿が描かれた陶器のマグカップやティーポットがすぐに登場した。ジャマイカの保護はとくに歓迎された。そこを失っていたらただの財政上の打撃ではすまず、心理的にも影響がおよぶからだ。セインツの海戦はヨークタウンの陥落以降続いた一連の敗北後の待ちに待った勝利であり、イギリスはヨーロッパ列強のなかですっかり地に落ちた陸軍と海軍の評判をふたたびきらめかせることができた。さらにこの勝利のおかげで、イギリスはその後の全面講和の交渉で優位に立つことができたのである。

1794年 *BATTLE OF THE GLORIOUS FIRST OF JUNE*

栄光の6月1日海戦

フランス革命の初期の頃、穀物の収穫量に深刻な問題があり、フランスの一部はほぼ飢餓状態に陥っていた。そのため関係当局はアメリカから大量の穀物を輸入せざるを得なかった。1794年、植民地産品や穀物を積んだ117隻の船団が、ヴァンスタブル少将率いる小規模な護衛隊とともにチェサピーク湾から出航した。フランスの本国艦隊は輸送船団の到着を援護するために厳戒態勢で臨んだ。実際、ルイ・トマ・ヴィラレー・ド・ジョワイユーズ少将はジャコバン派の首席代表を乗船させて、彼の忠誠心と任務への熱意を明らかにした。

一方、イギリス側もハウ卿率いる船団が外国行きの護送船団の援護のために外洋に出ていた。リザード岬に到達すると、ハウはイギリス護送船団をフィニステレ岬まで護衛する任務をモンタギュー少将に与え、そこから先の大西洋の護衛にはピーター・レーニア大佐と小規模な船団を当てた。こうしてハウのもとに残ったのは26隻の戦列艦、7隻のフリゲート艦、1隻の病院船、2隻の火船のみとなった。これはヴィラレー率いるフランス艦隊とほぼ同じ規模だった。そのヴィラレーは、肝心の穀物輸送船が目的地に到達しない危険がない限りイギリスとは交戦するなとの指令を受けていた。

ルイ・トマ・ヴィラレー・ド・ジョワイユーズ。栄光の6月1日海戦では敗北したものの、重要な穀物補給船は無事にフランスに帰還させ、その功績で中将に昇進した。

　じつは両艦隊は5月17日にすれ

違ったのだが、霧が濃かったため、互いを充分に視認したのは5月28日だった。そこで少数のイギリス船がフランス後衛部隊を攻撃するという衝突が起こり、フランスは400人を失った。翌日、両艦隊は互いに見える距離に留まり、イギリスはフランスの風上側で優位に立とうと努めた。アメリカ独立戦争以降、戦術も伝達信号も発達していた。ハウは各艦長独自の決断を制限する中央集権式の指揮系統を信奉し、信号簿や戦闘要綱も改定していた。この戦いは、彼の新たな信号や戦略を試すチャンスだったのだ。数年後、海軍提督セント・ヴィンセント伯爵はこの戦いをつぎのように描写している。「5月29日、ハウ卿が提示した敵の戦列を突破して後衛を崩すという作戦は失敗した。信号の誤解あるいは不服従が原因だ。唯一得られた優位性は風上の位置だった」

ハウはフリゲート艦でメッセージを送り信号を補ったが、部下の艦長らは彼の戦術を完全に理解していたわけではなかった。しかし、戦闘に優位な位置は確保したので、ハウは前方で戦列を維持しているフランスに対するつぎの戦術を考えた。午前7時25分、ハウは艦隊に攻撃指令を出した。のちにセント・ヴィンセントは、旗艦クイーン・シャーロット号に座乗したハウの作戦についてこう述べた。

> 彼は横陣を張って、敵の戦列に対してほぼ直角に進み、艦隊の全船を敵船に対して斜めの位置に置いた。その位置を維持するよう舵取りさせたうえで、風上にあたる敵の中央船付近に彼自身が到達した。クイーン・シャーロット号は進路を変え、敵船を両翼に押しやるように敵の戦列を突破して直角に舵を取り、風上から風下へ向かっていった。

主要戦は午前9時24分に始まり、イギリス軍は優れた砲撃力で絶大な効果をあげたが、イギリス船すべてが戦列突破に成功したわけではなく、風上に向かって戦うことを余儀なく

リチャード・ハウ提督

された。激戦が終わる頃には、フランス船1隻が沈没し、6隻が拿捕されていた。午後6時15分までに、ヴィラレーは艦隊の残りの船を撤退させた。

リチャード・ハウが描かれた海戦の記念メダル

ハウはフランス軍を再起不能にはできなかった。戦闘中にイギリス船の策具装置もマストもひどく損傷していたためだ。イギリス艦隊はやっとの思いで母港に戻り、結局スピットヘッドには6月13日に到着した。イギリス艦隊では、290人が戦死、858人が負傷した。フランス側の損失は甚大だった。4200人が死傷、3300人が捕虜になった。これは1692年以降でフランス海軍が被った最大の損失だった。のちに指揮官のひとりコリングウッドは、フランス軍は「野蛮なほど獰猛に」戦ったと感嘆している。しかしフランス軍は目的を達し、護送船団を守っていた。それだけでもフランスは祝福ムードに包まれた。それに対してイギリスでは、一連の戦いの初期で大きな勝利をおさめたことが称えられた。この海戦は18世紀の伝統的な船舶戦最後の戦いと言われてきたが、その後の時代に磨かれることになる戦法もここから生まれた。この海戦には一風変わった名前がつけられている。大半の海戦は、戦場となった海域の最寄りの地名が名称になるのに対し、この戦いは単純にもっとも重要な作戦が実施された日付が呼称になった。陸地からはるか彼方の大西洋上の戦いだったためである。

Van Division	Center Division	Rear Division
Main	Mizen	Fore
Caesar	Invincible	Ramillies
Bellerophon	Barfleur	Bellona ×
Leviathan	Theseus ×	Alfred
Russel	Gibralter	R. George
Marlborough	Qn. Charlotte	Montague
Rl. Sovereign	Brunswick	Majestic
Audacious	Valiant	Glory
Defence	Orion	Hector ×
Impregnable	Queen	Alexander ×
Tremendous	Ganges ×	Thunderer
Culloden	Arrogant ×	
Latona	Phaeton	Hebe ×
Niger	Southampton	Pallas ×
Venus	Pegasus	Comet
	Aquilon	Charon

この海戦でイギリス海軍が掲げた旗の一覧表

栄光の6月1日海戦。これは革命戦争中にイギリスとフランスが戦った最初にして最大の海戦だった。

1797年 *BATTLE OF CAPE ST VINCENT*

サン・ヴィセンテ岬の海戦

サン・ヴィセンテ岬の海戦は、拿捕された船の数には特筆すべきものはない。なにしろわずか4隻だ。そしてある意味では、他の多くの戦いに比べれば重要度も低いかもしれない。しかし、この海戦はイギリスが心底勝利に飢えているときに勃発し、地中海艦隊司令官サー・ジョン・ジャーヴィス提督は栄に浴する結果となった。彼は生誕の地であるミーフォードのジャーヴィス男爵およびセント・ヴィンセント伯爵に叙され、年間3000ポンドの生涯年金と剣、ゴールドのメダルを国王から授けられた。これは司令官ホレーショ・ネルソンの才能を見せつける戦いでもあった。その日の彼の作戦は物議を醸しはしたのだが。

衰退期にあったイギリスで、この海戦は士気高揚につながった。フランスとの戦いは1793年以来継続中で、西インド諸島での軍事行動はうまくいかず、疾病による死者が増え続けていた。フランスと同盟を組んだスペインは、1796年にイギリスに宣戦布告した。さらにフランスはイギリスへの侵攻計画を立て、地中海では現在多くの港がイギリス船に対して閉鎖されている状況だった。1797年2月22日、フランスの3隻のフリゲート艦から1500人の部隊がウェールズのフィッシュガード付近に上陸した。ウェールズへの襲撃

ジョン・ジャーヴィス提督。サン・ヴィセンテ岬の海戦では、不利な状況を覆し勝利をおさめた。厳しい監督官だったが、それでも部下に(陰では)「ジャーヴィーじいさん」と呼ばれ慕われていた。

は1度の発砲もないまま失敗したが、イギリス社会への影響は深刻で、銀行の取り付け騒ぎが起こるほどだった。フランス相手の戦争資金がちょうど必要だった折に、これは厳しい経済危機を招いた。

ジャーヴィスは法廷弁護士の息子だったが、あらかじめ決められた法曹界入りから逃げるように、14歳で海軍に入隊した。着実にキャリアを重ね、1778年にはサンドウィッチ卿に「優秀な士官だが、荒々しくせわしない」と評されている。1796年、西仏連合艦隊がトゥーロンを出港したとき、ジャーヴィスは地中海艦隊の指揮を執っていた。フランス軍はロリアンに向かったが、スペイン軍は船の修繕のためにカルタヘナに入る必要があった。1797年2月1日、スペイン領アメリカの銀鉱山で使用される必需品、つまり水銀を積んだ4隻の護衛を託されたスペイン艦隊は、カディスを目指していた。この艦隊は経験が浅く、人員不足で、必要物資も足りていな

1801年、ロバート・クレヴェリー画「サン・ヴィセンテ岬の海戦」

かった。それに対してイギリス艦隊の15隻ははるかに良い状況で、評判の高い提督が率いていた。ネルソンはジャーヴィスと彼のリーダーシップに深く敬意を払い、1796年にこう記している。「国にいる者はこの艦隊にどのような能力があるのかを知らない。何でもできるし、すべてができる。（中略）これまで多くの艦隊を見てきたが、サー・ジョン・ジャーヴィスに匹敵する士官や兵士という点で言えば、このような艦隊は見たことがない。彼は兵士を栄光へと導くことができる指揮官なのだ」

ネルソンの言葉はイギリス艦隊の能力と士気の高さを反映している。100門の旗艦ヴィクトリー号に座乗したジャーヴィスがスペインの護送船団にかんする情報を得たとき、艦隊はちょうどスペイン沖を航行していた。あたりは霧が濃く、そのなかからスペイン船団が姿を現したとき、イギリスの見張りはこう叫んだ。「なんということだ、相手は巨大だ！」。その言葉どおりだった。スペイン船のなかには、おそらく当時世界最大だった4層甲板の第1級戦列艦、サンティシマ・トリニダード号も含まれていた。艦隊のうち3隻は100門以上の銃砲を装備していた。

スペイン船の数は27隻に達した。イギリス艦隊のほぼ2倍だ。ジャーヴィスは叫んだ。「賽は投げられた。たとえ50隻であってもわたしはその

サンティシマ・トリニダード号のレプリカ。当時は世界でもっとも重装備で、数少ない4層甲板船のひとつだった。

戦列を突破する！」。不利な状況にもかかわらず、イギリス艦隊は戦闘準備にかかり、砲列甲板から余計なものを運びだし、戦列を組んだ。後衛部隊にはホレーショ・ネルソン准将が指揮する74門のキャプテン号が控えていた。

スペイン側も戦闘準備を整え、古典的な戦列を形成しようとした。スペ

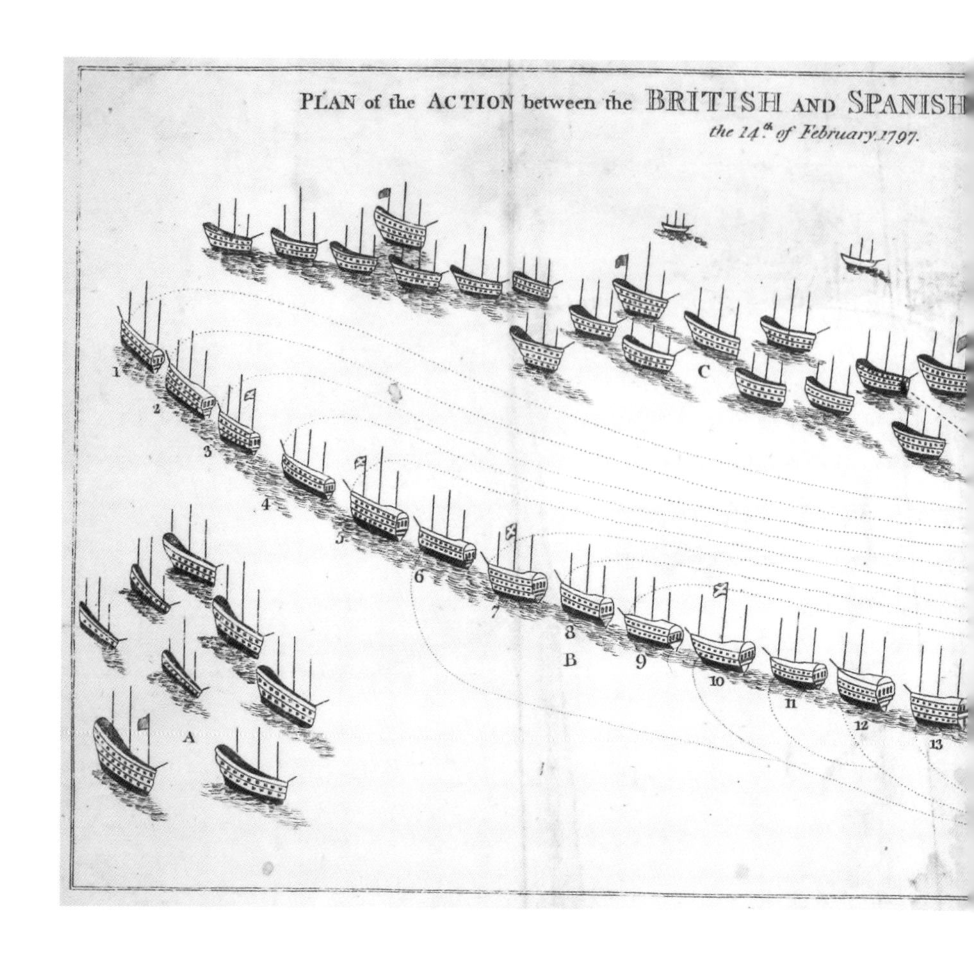

イン艦隊はふたつの分隊に分かれ、軍艦18隻と輸送船1隻が風上へ向かい、他の5隻は残りの4隻の輸送船を護衛しながら風下へ向かった。その船同士の隙間を見てとったジャーヴィスはそこを突破し、後方からの攻撃に転じたが、スペインに反撃された。そこでジャーヴィスは、サー・チャールズ・トンプソンの後衛部隊に対し、適当な位置につき可及的速やかに攻撃に入れと信号を送った。そこにはネルソンのキャプテン号も含まれていた。海軍の信号は、ジャーヴィスが意図する意味を厳格に説明できるほど精度が高いとは言えず、最後尾の数隻は応答もしなかった。しかしネルソンは、先頭のスペイン船がイギリスの後衛部隊を攻撃するかのように動いていることに気づいていた。直接命令なしに、ネルソンは自船を素早く戦

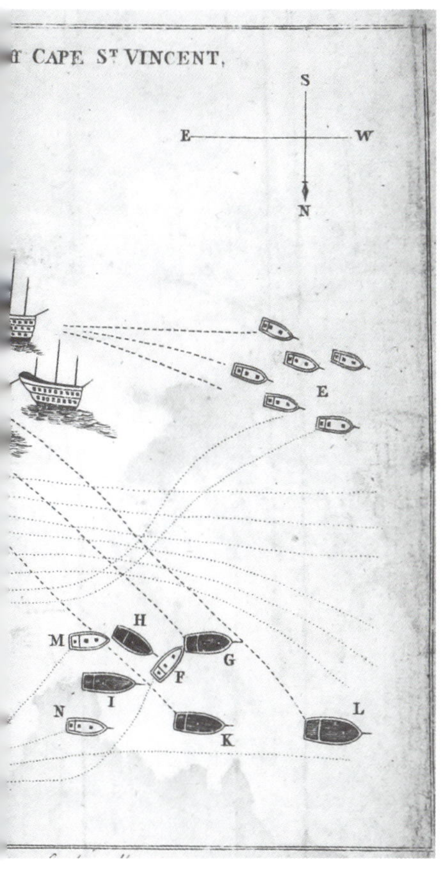

[左]当時のサン・ヴィセンテ岬における軍事作戦
[上]「1797年2月14日、サン・ニコラス号の降伏を受け入れるネルソン」。リチャード・ウェストール画。サン・ヴィセンテ岬の海戦から9年後の1806年に描かれた。ネルソンがトラファルガーの海戦で戦死した翌年である。その頃、戦死した提督を英雄視する熱狂的信奉が最高潮に達していた。

列から離脱させ、みるみる閉じていく隙間を目指し、自船と乗員を大きな危険にさらした。ジャーヴィスはすぐに状況を見抜き、2隻を送りこんでネルソンを援護した。

スペイン軍はイギリス軍後衛への作戦を断念し、北西へ向かったが、進むにつれて戦列は崩れた。午後2時にはイギリス船が追いついてスペイン軍と交戦し、戦闘は最高潮に達した。ネルソンの先制攻撃で大量の砲煙が発生していたため、スペイン軍は反撃の際に同士撃ちの危険にさらされた。激しく損傷したサン・ニコラス号とサン・ホセ号の2隻は衝突した。そのときネルソンの船は航行不能だったので、彼は敵船サン・ニコラス号に乗り移ることを決めたが、ただ乗りこむのではなく、移乗部隊を自ら率いるというめずらしい決断を下した。こうして彼と乗員はサン・ニコラス号とサン・ホセ号を拿捕し、他の乗員はサルヴァドール・デル・ムンド号とサン・イシドロ号を拿捕した。

午後4時30分頃、ジャーヴィスは攻撃停止の合図を送った。スペイン艦隊は4隻を失い、他の4隻は損傷が激しく攻撃再開は不可能だったので、撤退を決めた。旗艦のサンティシマ・トリニダード号はマストを失っており、コルドバ提督はフリゲート艦へ移動していた。イギリス船数隻がサンティシマ・トリニダード号の拿捕を試みた。成功すれば4層甲板船はすばらしい戦利品になるはずだったが、別のスペイン船に曳航されていった。それでもジャーヴィスは完璧な勝利を手にし、はるかに優勢な敵から4隻の船を手に入れた。イギリス艦隊は拿捕船を護送しながら、2月16日にまずラゴスへ向かい、手早く船の修理をしてからリスボンを目指し、2月24日に到着した。イギリス艦隊では73人が戦死し、そのうちネルソン艇に乗船していたのは24人だった。

勝利の知らせは3月3日にロンドンに届き、町は歓喜と安堵に包まれた。それに先立つ数か月間、悪い知らせと侵略への恐怖が続いたのちの海戦でスペインを破ったとなれば、人々の喜びもひとしおだった。ネルソンは、自身の名前を永遠に人々の記憶に刻み、人々は自ら移乗部隊を率いた彼の華々しく勇敢な行為に熱狂した。もっとも、部下の士官のなかにはそのような身勝手な行為をあまり評価しない者もいたのだが。この海戦の結果、ネルソンはナイト爵位を授かり、スペイン艦隊は外洋への出航をためらうようになった。

キャンパーダウンの海戦

1793年、フランスはネーデルラント連邦共和国を征服、バタヴィア共和国と改名し、オランダ艦隊を支配下に置いた。イギリスはフランス軍侵攻の兆候に警戒し、テセル島でオランダ軍を阻止する任務がダンカン提督に与えられた。しかし1797年3月、イングランド南岸のスピットヘッドで海軍の反乱が起き、5月12日にはノアでも発生した。これでダンカンはわずか2隻で港湾封鎖の真似事をし続けることになった。反乱は鎮静化したが、その後は指揮系統が大きく揺らぎ、多くの士官はわが身の安全ばかり案じていた。

10月、ダンカン提督は旗艦の改修と補給のためにヤーマスを訪れた。滞在中に、デ・ウィンテル中将率いるオランダ艦隊が航海中だと知った。デ・ウィンテルは敵と交戦し、可能であれば敵船をオランダの海岸へ曳航せよと命じられていた。そして帰港しようとしていた矢先に、沿岸のキャンパーダウン村沖合でダンカンの艦隊に発見された。イギリス船のほうが大型で、しかもその水域は非常に浅かった――もちろんオランダ側はそれをよく知っていた――が、ダンカンはあえて強襲を決めた。両軍の戦力は互角だった。どちらも戦艦は16隻で、74門、64門、50門艦が混じりあっていた。

トロロープ大佐の小艦隊は、午前9時にオランダ軍を視認してダンカンに伝達した。ダンカンはすぐに全艦追撃の信号を出した。オランダ軍はイギリス軍と海岸線の浅瀬のあいだに戦列を形成した。後日、ダンカンは自身の言葉で初期の戦闘についてこう語っている。

> 攻撃のためには一刻の猶予もないとわかったので、風下へ進み、敵の戦列を突破して各船が敵を風下へ引きつけた。それによってわたしは敵と陸地のあいだに入ったが、敵は猛然と陸地へと近づいていた。

ダンカンの信号はハウの信号と同じような意味だった。しかしハウの場合と同じように、彼の信号を正確に解釈した艦艇はごく一部だった。当時の信号法はまだ開発の初期段階で、時代遅れの合図を使っている船もあった。ふたつの分艦隊を引き連れたダンカンは後衛を攻撃し、もうひとつの分艦隊はオランダの戦列中央部を突破し、反対側から攻撃した。戦闘は午後12時30分頃始まり、2時間半にわたって激しい戦いが続いた。ダンカンは艦隊を率いてオランダの戦列中央部と司令官を目指していた。そしてデ・ウィンテルの旗艦フライハイト号は「しばらくのあいだは非常に勇敢な戦いぶりで防御していたが(中略)数に圧倒されて降伏した」

デ・ウィンテルはダンカンの旗艦ヴェネラブル号へ連行された。慣例どおりに、デ・ウィンテル提督は剣をダンカン提督に差しだしたが、ダンカンはそれを辞退してこう言った。「わたしは剣よりも勇敢なる男の手を取りたい」。デ・ウィンテルはのちにダンカンに「戦列を組むのを(あなたが)待たなかったがために、わたしは破滅した。もしわたしがもっと海岸付近

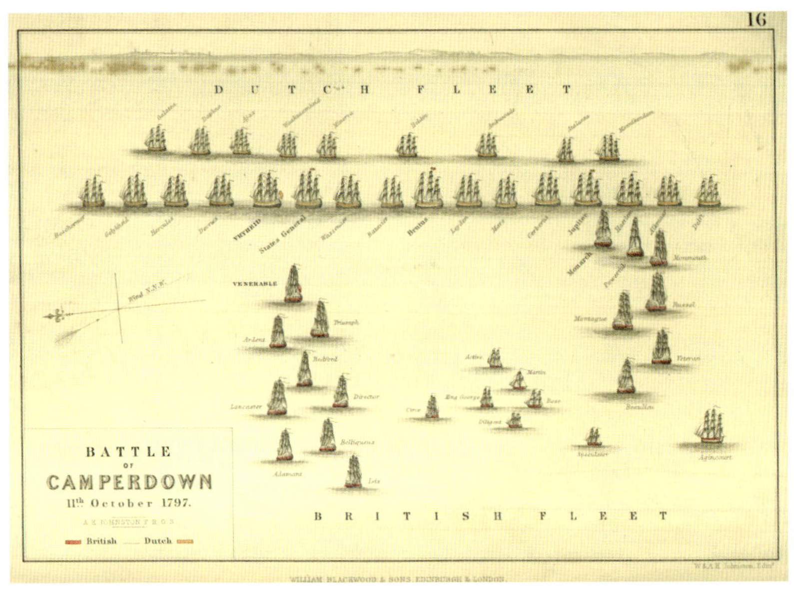

キャンパーダウンの海戦の地図。オランダ戦列を攻撃するイギリス海軍の3分割の陣形がはっきりとわかる。

キャンパーダウンの海戦。両陣営の死傷者は非常に多かった。通常の海戦ではマストや策具装置を狙うのに対し、この海戦ではイギリスもオランダも敵艦の船体そのものを狙って砲撃したためである。

に寄っていたら、そしてあなたが攻撃していたら、わたしはおそらく両方の艦隊を海岸へ引きつけて勝利し、帰還していただろう」と語った。

その後まもなく、オランダのもうひとりの中将も降伏した。いまこそ戦闘を終わらせるときだったが、イギリスの大型艦は海岸へ近づいており、浅瀬では風が陸地へ向かって吹いていた。イギリス船はどうにかオランダ船8隻を拿捕したが、ひと晩で数隻がテセル島へ逃げこんだ。他の拿捕船は損傷が激しく、2隻はイギリスへ戻る前に沈没し、艦隊には1隻も組み入れることができなかった。

めずらしいことに、この海戦では船上に女性がいたことが言及されている。女性たちも海へ出たことはよく知られている話で、たいていは乗員の妻だったが、公式な乗組員リストには掲載されなかったため目撃談は非常にめずらしかった。このキャンパーダウンの海戦に参戦したアーデント号の指揮官からの手紙はその例だ。彼の言葉はかなり事実に近いと思われる。

> 負傷者はたいていの場合かなりずたずたに傷ついている。乗組員の妻のひとりは、夫が四つ裂きにされた場所で砲撃を手伝っていた。しばしば下甲板へ行くようにと促されたが、彼女は頑として動かず、そのうち脚を1本吹き飛ばされ、もう1本もけがを負った。

イギリス側の死傷者リストには砲撃主の妻が含まれていたとは思えないが、240人が戦死、796人が負傷したとのことだ。オランダ側は540人が戦死、620人が負傷した。サン・ヴィセンテ岬とキャンパーダウンの両海戦は、フランスの侵攻計画が終わったことを意味した。海軍史研究家ニコラス・ロジャー教授の言を借りるなら、「イギリスがほぼ同等の戦力の相手に対し、これほどの勝利をおさめたことはなかった」のである。

デ・ウィンテル中将の降伏を受け入れるダンカン提督。戦闘後、ふたりの指揮官はダンカンの居室でホイストというカードゲームをしたようだ。デ・ウィンテルはダンカンに負け、同じ日に、同じ相手に2度負けるのはつらいと語った。

1798年 *BATTLE OF THE NILE*

ナイルの海戦

1798年、39歳のホレーショ・ネルソン少将は、地中海でフランス艦隊を探していた。彼が自身の艦隊の指揮を執るのはこれが初めてだったが、目的は明確だった。ナポレオンは上官を説得してすでにエジプト遠征の許可を得ていた。エジプトを占領し、そこを拠点にインドに矛先を向ける計画だ。そうなればイギリスは決定的打撃を受けるだろう。ナポレオンは、インドの富を手に入れることはもちろん、火薬製造には欠かせない硝石の唯一の供給路も断つ可能性があったのだ。フランス艦隊はボナパルト軍を乗せた100隻以上の輸送船を護衛していた。彼らはマルタ島占拠に成功し、それからエジプトに上陸して7月にはエジプト軍を相手に決定的勝利をおさめていた。イギリスは、これがインドへの大きな脅威となることをはっきりと認識し、ナポレオンを阻止する必要性も理解していた。

ナイルの海戦の朝にネルソンからサー・トマス・ボールデン・トンプソン大佐に渡された指柱つき日時計。トンプソンは、ナイルの海戦やのちの交戦でこの若き提督とともに戦った司令官たちの伝説的グループ、ネルソンの「兄弟団」のひとりとなる。

ネルソンは、フランス艦隊が地中海東部にいることを知り、捜索のためにサルデーニャ、エルバ島、ナポリ、シチリア島、アレクサンドリア、そしてふたたびシチリア島へ赴いた。その後ネルソンがエジプトへ戻っている最中に、フランス艦隊がアレクサンドリアの東24キロ、ナイル川河口付近のアブキール湾に停泊しているのを先導船が発見した。8月1日午後5時30分頃、イ

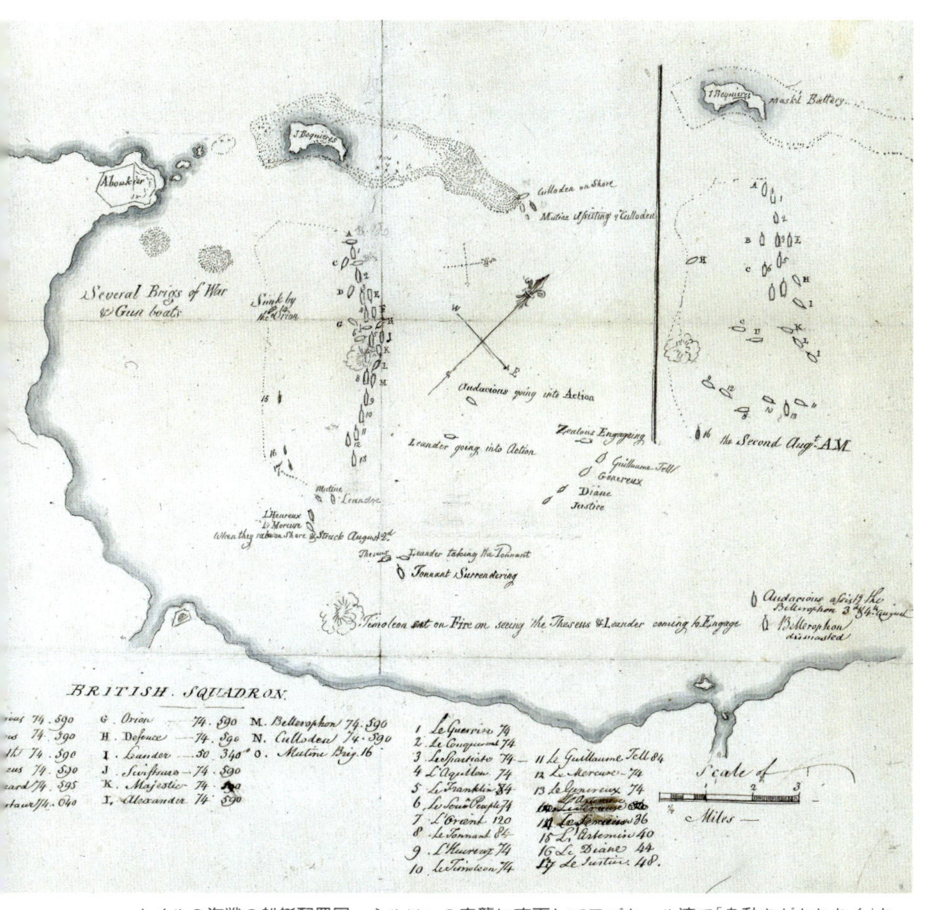

ナイルの海戦の船艇配置図。ネルソンの奇襲に直面してアブキール湾で「身動きがとれなく」なったフランス船の位置を明確にとらえている。

ギリス艦隊はそこに到着した。フランス軍指揮官ブリュイ提督が率いるのは13隻の戦列艦で、そこには120門を誇る世界最大の3層甲板戦列艦ロリアン号の姿もあった。しかし、フランス軍は無防備で偵察艦すら存在しなかった。イギリス艦隊に気づいたときでさえ、ブリュイはこんな遅い時刻に攻撃してはこないだろうと高を括っていた。フランス艦隊は防御の態勢で湾内を横切るように投錨し、付近の島の要塞砲座に守られていたが、いくつもの弱点があった。まず単錨泊だったので、風で船体が大きく揺れ動いた。船同士はかなり離れ、船と岸のあいだも離れていた。そのとき多くの士官や乗組員が陸にあがっていたので、見張りも不充分だった。

ネルソンの艦隊はフランス軍より小規模だったが、風が湾に吹きこんでいたのでネルソンは交戦を決断した。彼の旗艦ヴァンガード号は戦列中央に陣取り、トマス・フォーリー大佐率いるゴライアス号が前衛になった。船列と陸の端の隙間を見てとると、フォーリーはフランス艦ル・ゲリエ号の舳先を横切り、背後の浅瀬へ向かった。敵船を通過する際に、フォーリーはフランス艦の甲板上では戦闘準備が整っていないことに気づき歓喜した。ゴライアス号に続いて3隻の戦艦が浅瀬へ入った。そのうちの1隻、カローデン号は座礁したが、他はうまく浅瀬を抜けて戦列を組み、攻撃を開始した。一方、ネルソンが率いる残りのイギリス艦は浅瀬とは反対側に位置していた。

午後6時30分頃、イギリス軍は攻撃を開始した。フランス戦列では先頭の8隻から多くの死傷者が出た。30分もたつとあたりは暗くなったが、イギリス軍は互いを見分けられるようにランプを準備していた。このようにイギリス側が優勢だったが、すべてが思いどおりに運んだわけではない。たとえばベレロフォン号はフランスの旗艦ロリアン号の攻撃を受けてマストを失った。その後ロリアン号は炎上して爆発した。甚大な被害を出しながら宵闇を煌々と照らす120門の巨大艦に、しばらくのあいだその場の全員が呆然とした。フランス側で退却できたのは、ヴィルヌーヴ率いる戦列艦2隻とフリゲート艦2隻だけだった。これは一大決戦だったが、両軍ともに多くの死傷者を出した。

ネルソンは海軍本部にリアンダー号を急派し、拿捕した6隻をジブラルタルまで護送するよう数隻に指示を出した。それから自身はナポリへ向かったが、リアンダー号が拿捕されたために使者がロンドンに到着しなかったことは把握していなかった。一方、イギリス政府は大きく落胆して

ナイルの海戦。宵の口に攻撃をしかけたことからも、ネルソンの無鉄砲さがよくわかる——前もって艦隊の船にはランプを積んでいたのだが。そのおかげで、日が暮れて闇が迫るなかでも互いの位置を認識できた。

いた。フランス軍がエジプトに上陸したことはわかっていたので、いまやインドへの脅威は明白だった。すると海軍卿スペンサーへの批判が高まった。若く経験も浅い提督に地中海艦隊を任せ、このような重要な作戦に当たらせたためだ。ようやくネルソン勝利の知らせが届き、アブキール湾での完全な勝利が宣言されると、スペンサー卿は気を失った。のちのトラファルガーの海戦で明らかになるネルソンのリーダーシップの多くの要素

ナイルの海戦でロリアン号が破壊されたことは、フランスの威信に大きな打撃を与えた。その喪失はフランス中で悲しまれたが、イギリスでは広く喜ばれた。運命のいたずらか、トラファルガーの海戦で戦死したネルソンは、拿捕されたロリアン号のマストを再利用した木材の棺で埋葬された。

が、ナイルの海戦で活かされた。この勝利の結果、ナポレオン軍は本国との連絡が途絶して孤立し、インドへの脅威は薄れた。ネルソンは貴族に叙せられ、ナイルのネルソン男爵となり富と名誉を一身に受けた——が、それでは足りなかったのか、彼は陰では不満を訴えていた。ともあれ、ネルソンは国民的英雄にもなった。軍事的に見ると、この海戦はイギリスが地中海の制海権を握ったことも意味したのである。

コペンハーゲンの海戦

1800年、フランスとの戦争が続くなか、イギリスは他国とフランスの交易を阻止しようとした。フランスを支援するために、ロシアがスウェーデン、プロイセン、デンマーク＝ノルウェーと武装中立同盟を結成した。戦争に必要不可欠な木材や軍需品が手に入るバルト海は、戦争中のイギリスにとってきわめて重要だった。難所はスウェーデンとデンマークにはさまれた狭いルートだ。デンマークは戦時輸送で利益をあげていたが、イギリスから見れば、ロシアとの関係が緊密になりすぎる恐れがあった。

1801年初頭、デンマークはイギリス船舶に対し出入港禁止措置を取り、ハンブルクとリューベックを占拠した。こうしてイギリスの交易はエルベ川から締めだされた。サー・ハイド・パーカー提督はバルト海艦隊の指揮官に任命され、副将にはネルソン卿がついた。海軍卿ヴィンセント提督は、腰の重いパーカーを説得してなんとか出航させた。バルト海艦隊には選択肢がふたつあった。コペンハーゲンに先制攻撃をするか、そこは通過してレヴァル（現タリン）でロシア艦隊を攻撃するかだ。最終的に前者が選択された。狭いエーレスンド海峡でデンマークの砲台に攻撃される危険はあったが、そこも無事に通過して3月30日にコペンハーゲン付近で投錨した。

ハイド・パーカー提督。名目上はコペンハーゲンの海戦で艦隊を指揮したが、慎重で優柔不断なアプローチが原因で副将のホレーショ・ネルソンが事実上主導権を握った。

　なんらかの攻撃を予想して、デン

攻撃位置につくために、ネルソンと小艦隊は、両岸の砲台に守られたコペンハーゲンのエーレスンド海峡を通過しなければならなかった。

マークは戦闘態勢を万端に整え、コペンハーゲンの防御を幾重にも固めていた。海軍造船所は狭い水路で町とは隔てられた島にあったため、海からの砲撃にさらされる可能性が考えられた。そのため、フランス軍がアブキール湾で投錨したのと同じ方法で、18隻の戦艦と武装した商船が町へつながる水路沿いに1列に係留された。さらに7隻の船が造船所の入り口を護衛した。

ネルソンに急かされたハイド・パーカー提督は、ネルソンを12隻の小型戦列艦とともに攻撃に向かわせ、一方、自身は大型船とともに外洋に留

コペンハーゲンの海戦の地図。戦列はアブキール湾の海戦で見られたものとよく似ていた。ネルソン提督はそこで成功した戦術と同じ戦術を採用した。

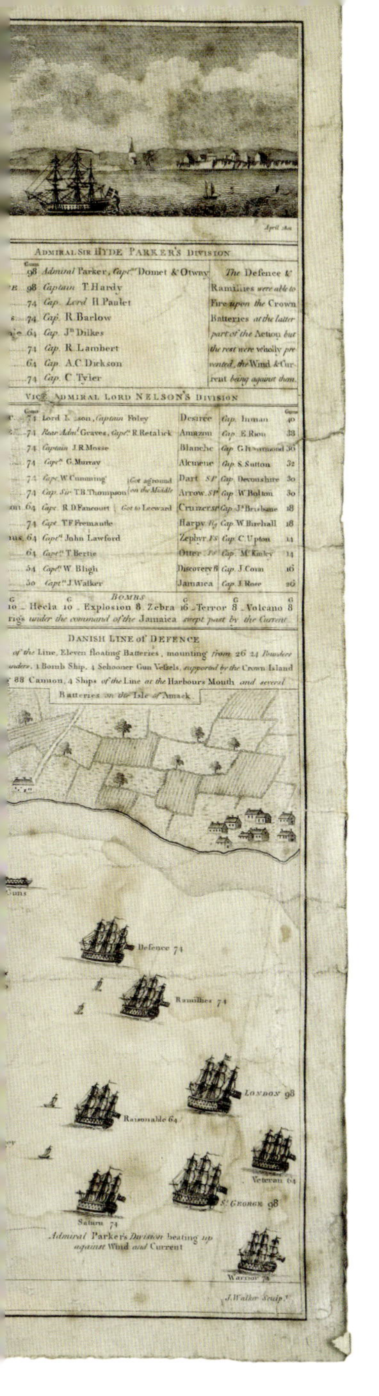

まった。ネルソンは、小型で操作性が高い74門の浅喫水船エレファント号を旗艦とした。小艦隊にはウィリアム・ブライ大佐が座乗する54門のグラットン号も含まれていた。この船は改造されたインディアマンで「焼夷弾」を装備していた。この着火用の発射物は、戦闘で効果的に使われる予定だった。

イギリスの小艦隊は町へ向かって進んだが、たちまち問題に直面した。デンマークが浅く狭い海峡からすべてのナビゲーション・ブイと航路標識を事前に取り除いていたのだ。アガメムノン号、ベローナ号、ラッセル号の3隻が、ミドル・グラウンドと呼ばれるコペンハーゲンから少し離れた大規模な浅瀬で座礁した。しかしその座礁位置からでも攻撃は可能だった。残りの船もデンマーク船と陸上砲台と戦うために移動した。アブキール湾の海戦とは違い、イギリス軍はデンマーク艦の背後に位置することができず、当初はデンマーク軍の砲撃が効果をあげ、とくにトロクレナ要塞からの攻撃が功を奏した。しかもデンマーク軍は、陸上から簡単に戦力を補強することができた。しかし、徐々にイギリスの砲撃が優勢になった。イギリス船は攻撃を担当するデンマークの防御位置をそれぞれ割り振られていたので、午後1時30分までに南側の防御をみごとに圧倒した。12隻のデンマーク船が戦列を離れたため、臼砲艦が射程内に入るための針路が開けた。この重厚な大型船は沿岸砲撃専用で、高い軌道の炸裂弾を放つ迫撃砲を積んでいた。

この頃、用心深いパーカーは不安でいっぱいだった。いまだに8キロも遠方にいたため、硝煙で戦況はほとんど見えなかったが、全艦召艇を命じた。ネルソン艦に乗船していた目撃者はのちにこう述べている。「しかしネルソン卿はそれには応答しなかった。（中略）この英雄がはためかせ続けた唯一の信号旗は、まさに正反対、すなわち接近交戦せよだった」。ちなみに、ネルソンがわざと見えないほうの眼に望遠鏡を当てて信号旗を確認したという有名な逸話は、後世の作り話だ。ネルソンの船長たちは、総司令官の命令を無視したネルソンに続いた。デファイアンス号のグレイヴス少将は、パーカーの指

示どおりの信号旗を高く掲げたが、見えないように帆で隠し、同時に、接近戦の信号旗は見えやすく揚げ続けた。戦況がイギリスに優位になり始めると、ネルソンはその瞬間を選んで停戦を提案した。物議を醸すかもしれないが、これは計算しつくされた行動だった。デンマークも停戦に同意し、負傷兵の救助が可能になった。戦況は手詰まり状態だったが、臼砲艦はまだ攻撃位置にあり、ハイド・パーカーと彼の船も戦闘は可能だった。だがネルソンは、艦隊と乗員たちを浅く狭い海域から無事に退却させることを

コペンハーゲンの海戦。フランスへの支援源であるデンマークをナポレオン戦争から排除したという点では、イギリスの快勝に見えるが、戦闘の一時的休止でしかなかった。1807年、イギリス海軍はふたたびコペンハーゲン攻撃に成功し、そのときデンマーク軍は全面降伏した。

第一に考えたのだ。

ネルソンは自らデンマーク皇太子と数日かけて交渉し、4月8日に休戦が合意された。この海戦でイギリス側は士官と兵士の戦死者が約254人、負傷者は689人、デンマーク側の死傷者数はそれをわずかに上回った。5月4日、サー・ハイド・パーカー提督はロンドンへ呼び戻され、ネルソンに指揮権を譲渡するよう言い渡された。ネルソンはレヴァルへ向かったが、交戦にはならなかった。ロシア皇帝が殺害され、ロシアの方針が変わっていたからだ。マラリアを患い衰弱していたネルソンは、イングランドへ引き返した。

コペンハーゲンはこのときのイギリスの砲撃を生き延びた。そしてイギリスにとってきわめて重要なバルト海交易の道が開けた。しかし1807年、イギリスはデンマーク艦隊がナポレオンの手に落ちるのを防ぐために先制攻撃をしかけ、コペンハーゲンの町は壊滅状態に陥った。そしてデンマーク海軍の船は拿捕されてイギリスへ曳航された。

コペンハーゲンの海戦後に発行された記念バッジ。新たに貴族に叙せられたナイルのネルソン男爵が描かれた。

トリポリ港の戦い（第1次バーバリ戦争）

北アフリカ海岸、なかでもチュニス、トリポリ、アルジェリア、モロッコ沿岸は、18–19世紀初頭にかけて海賊行為で悪名高かった。18世紀には15万人以上のヨーロッパ人が捕らえられ、奴隷にされたり身代金を要求されたりした。地中海の狭い出入り口付近に位置する北アフリカの人々は、しばしば商船を襲って船荷を奪い、人質を取った。各国がさまざまな方法でこの問題を解決しようとしたが、多くは貢ぎ物、つまりは上納金で買収しただけだった。イギリスは北アフリカ諸国と協定を結び、強力な海軍も持っていたが、アメリカの独立に伴い、アメリカの私掠船に非難が集中した。1794年、アメリカ連邦議会は海軍法を可決して海軍の再建を目指し、6隻のフリゲート艦を建造してアメリカの利益を守ろうとしたが、交易を守る努力には限界があった。

エドワード・プレブル。厳正厳格な指揮官で、黎明期のアメリカ海軍に秩序と規律を浸透させることにおおいに貢献した。彼の部下の幹部の多くは政界でも軍内部でも高い地位を保ち続け、得意げに「プレブルの弟子」と自称した。

すでにアメリカはバーバリ諸国と協定を結び、上納金を払い、アメリカ人の人質には身代金を払うことに同意していたが、トマス・ジェファーソンはこの方針に異議を唱え、戦争が代案になると考えた。彼は「この無法者の海賊に貢ぎ物をするヨーロッパの屈辱にわれわれも黙従すべきとは、不本意極まりない」と記した。1801年、アメリカ合衆国第3代大統領に就任したジェファーソンは、交易を守るために海軍艦隊を地中海へ派遣した。なかでも重視した標的がトリポリだ。トリポリのパシャはさらに金銭を要求し、アメリカとの以前の協定を無効として破棄し、アメリカがまったく譲歩しないとわかると宣戦布告した。そこでアメリカ海軍初となる海外遠征で、リチャード・デイル准将率いる4隻の船がヴァージニア州ノーフォークから送りだされた。「われわれの交易を守り、どこであろうと彼らの船をみつけたら沈め、焼き払い、破壊することによって、彼らの傲慢さを激しく非難する」ためだった。だがデイルの作戦は効果がなく、翌年にリチャード・モリス准将の第2の特命部隊が送られたが、それもトリポリの動きを封じるには至らなかった。

1803年までに、ジェファーソンはエドワード・プレブル率いる艦隊をさらに派遣することができた。アメリカ艦エンタープライズ号を担当する海軍士官はスティーヴン・ディケーターだった。フィラデルフィア出身の短気な青年で、商人にして私掠船乗組員の息子でもあるディケーターは、1798年に士官候補生としてアメリカ海軍に入隊した。仲間の士官との決

座礁するフィラデルフィア号。このアメリカ船と乗組員の拿捕が19世紀初頭の「人質事件」につながり、アメリカはバーバリ海岸の海賊問題に本気で取り組まざるを得なくなった。

闘で有名だったが、そんな噂をものともせず、1803年に初めて艦船の指揮を任され、地中海へ向かった。プレブルはモロッコとの合意に成功し、フィラデルフィア号とヴィクセン号の2隻をトリポリ封鎖に送りこんだ。しかし、トリポリ側の船を追っているうちにウィリアム・ベインブリッジ大佐のフィラデルフィア号が目立たない岩場で座礁した。船は拿捕され、乗組員300人は捕虜になり、トリポリへ曳航された。有益で貴重な戦艦を手に入れたユセフ・カラマンリ・パシャは、水中へ投げ捨てられていた大砲を再装備し、乗組員の身代金300万ドルを要求した。

プレブルは、ふたつの小艦隊の作戦失敗と今回の戦艦の拿捕により、創設されたばかりのアメリカ海軍は面目丸つぶれだと感じ、明確な作戦行動が必要だと考えた。トリポリに侵攻して船と乗組員を奪還することも、戦艦を破壊することも可能だった。侵攻成功の可能性は低かったが、ディケーター大尉には名案があった。彼の14門のスクーナー船エンタープライズ号は、トリポリの小型船マスティコ号をうまく拿捕していた。他の地元船と見かけが同じこの船を使って、フィラデルフィア号を取り戻すというのだ。こうしてこの小型船はイントレピッド号と改名され、指揮官に任命されたディケーターを先頭に75人の水兵や乗員を乗せて、チャールズ・スチュワート大尉が座乗する16門のブリッグ船サイレン号に護衛されながら前進した。このうえなく危険な任務だったので、作戦は志願兵のみで実行された。プレブル准将は兵士たちの危険が大きすぎるので、フィラデルフィア号は破壊し、奪還してはならないと念押しした。

1804年2月2日、2隻の船はシチリア島シラクーザから出航したが、トリポリに到着すると嵐に阻まれ入港できなかった。2月16日、マルタ島の小船を装ったイントレピッド号がなんとか入港し、サイレン号は外洋に残った。港に入ると、イントレピッド号はイタリアの水先案内人サルヴァトーレ・カタラーノに案内された。フィラデルフィア号の横に並ぶと、60人の水兵と乗員が移乗し、護衛兵を攻撃した。そして船に火を放ち、無事に逃げのびた。その間にフィラデルフィア号は港内で火船になり、敵の追跡を阻止した。フィラデルフィア号の乗員は人質のままだったが、この襲撃で命を落とした者はひとりもいなかった。地中海でトゥーロン港封鎖に当たっていたネルソンは、この作戦に感銘を受け「この時代でもっと

マスティコ号を拿捕するスティーヴン・ディケーター。若く怖いもの知らずのディケーターは、独立後のアメリカで初めての軍人の英雄になった。しかし結果として、その向こう見ずな気質が原因で破滅した。1820年、まだ41歳のときに、同僚の海軍士官ジェームズ・バロンとの決闘で殺されたのである。

炎上するアメリカ船フィラデルフィア号。この拿捕された船への大胆な攻撃で、スティーヴン・ディケーターは揺るぎない名声を手にした。だが、1800年代初頭に就航したときに彼自身の父親がひとり目の司令官を務めたフィラデルフィア号に火を放つことには、複雑な感情を抱いていたかもしれない。

も大胆かつ勇敢な作戦」と称した。アメリカの威信は高まり、プレブルに勇敢な行動を称賛されたディケーターは即時の昇進が決まった。ディケーターはアメリカ海軍史上最年少で大佐に就任し、大統領から辞令とともに直々に祝辞を受けた。

一方、プレブルにはするべきことが残されていた。ナポリ王からのさらなる支援で大規模な艦隊をシラクーザで編成し、トリポリへの大攻撃の準備を整えたのだ。1804年夏の攻撃では多くの船を拿捕し、重武装の港を大々的に破壊した。しかし、それでも戦争は終わらなかったのでプレブルは12月にアメリカへ戻り、サミュエル・バロン中佐が司令官を引き継いだ。ベインブリッジと乗員たちは、またしても有名となる作戦の翌年に解放された。このときの作戦はアメリカ海兵隊が実行した。ウィリアム・イートン大尉が400人の傭兵と7人の海兵隊員を率いてアレクサンドリアから陸路を行軍し、ダーネを制圧したのだ。じつに965キロの厳しい道程だった。トリポリの東に位置するダーネ港は奇襲攻撃で陥落し、トリポリの弱点が露呈した。6万ドルと引き換えに、パシャはアメリカ人捕虜全員を解放し、第1次バーバリ戦争終結の条約に同意した。これは外国で行われたアメリカ初の交戦であり、多くの絵画や歌で誇らしげに主題にされている。トリポリ記念碑はアメリカでもっとも古い軍事記念碑で、現在はアナポリスのアメリカ海軍兵学校に置かれている。

ミケーレ・フェリーチェ・コルネ画「1804年8月3日、トリポリ砲撃」。もっとも大きい船が、アメリカのプレブルの旗艦コンスティテューション号。

プロ・オーラの海戦

1794年、イギリスのピーター・レーニア提督が東インド艦隊司令官に任命された。カバーするのは7770万平方キロという広大な領域で、その中心にあるのがインドだった。彼の主要任務はインドをフランスから防衛すること、そして極東との価値ある交易を守ることだった。しかし、これほどの領域をカバーするための艦隊はわずか20隻で、最大の軍艦でも64門艦だった。インドとイギリスのあいだは東インド会社の大型船が往復し、インドと極東のあいだはカントリー・シップと呼ばれる小型船が行き来していた。そうした船は安全のためにしばしば護送船団を編成したので、レーニア提督は船団がいつ中国から出航するのか、どの針路をとるのか知る必要があった。限られた数の艦艇をやりくりして護衛に回すためである。

レーニア提督。東インド艦隊基地の指揮官として、アジアとアフリカという広大な大陸を監督した。この肖像画では、縁のある「視覚用メガネ」をかけている。それによりレンズ口径が小さくなり、余分な外光がカットされた。

出帆する東インド貿易船。東インド会社は貴重な船荷を運ぶために大型でどっしりした造りの専用船と契約した。

1804年1月、広東で東インド会社の中国艦隊の指揮官たちが帰路につこうとしていた。船荷の総額は700万ポンドに達していたので、万が一これが悪人の手に渡ったらその損失がどれほど大きな影響を与えるか、司令官たちも十二分に承知していた。厳密に言えば、フランスとイギリスは平和な状況だったが、戦争が近いという噂もあった。艦隊は、長い帰路で天候を味方にするためにいつ航行するか、そして狭く危険なマラッカ海峡を通過するリスクを冒すかどうか、決める必要があった。別の選択肢は、バリ島やロンボク島を通過してさらに東へ進むルートだ。しかしこうしたルートは海図が不完全なうえにやはり狭く、高額な船荷を積んだ大規模船団にとっては危険だった。もうひとつ、スマトラ島とジャワ島のあいだのスンダ海峡というルートもあり、ヨーロッパへ直接向かう船団にはこちらのほうが適していた。最終的に選ばれたのは、マラッカ海峡だった。インドへ向かうカントリー・シップには好都合だし、東インド会社の交易船もインド洋の航行でフランス領モーリシャス島を通過する際はレーニア艦隊の護衛を期待できた。

プロ・オーラの海戦。本質的にはいちかばちかのにらみあいだったが、先に根負けしたのはフランスだった。対戦相手が実際よりも重装備だと思いこんだのだ。

出航準備を進めていると、高速のブリッグ船ガンジス号がベンガルから慌ただしく到着し、フランスとイギリスがふたたび戦争状態に入ったことを知らせた。フランスはオランダを占領しているので、東インド諸島のオランダ領の島はもはや敵地ということだ。56歳の中国艦隊司令官ダンス准将は、すべての指揮官に銃や小型武器の訓練をするよう指示した。東インド会社の交易船は64門艦に匹敵する大きさだったが、軽武装だった。アール・カムデン号とウォレン・ヘイスティングス号の上甲板には18ポ

ンド・カロネード砲が、主甲板には同種の砲が26門搭載されていた。

16隻のインディアマンと11隻のカントリー・シップの船団は、護衛船として高速のガンジス号を伴って広東から出航した。イギリス海軍のファウラー大尉も同行した。彼の旗艦ポーパス号は大破したので、いまはアール・カムデン号の乗客として帰国の途にあった。マラッカ海峡の危険性を意識しながら、ガンジス号は海峡入り口の北東にあるプロ・オーラ島を目指した。2月16日、艦隊が密集して航行していると、ロイヤル・ジョージ

フランス軍指揮官、リノワ提督

号が水平線に4隻の怪しい船影発見と信号を出した。ダンスはインディアマンのアルフレッド号、ロイヤル・ジョージ号、ボンベイ・キャッスル号、そしてホープ号の4隻に先行して確認するように命じ、ファウラー大尉もガンジス号に乗り換えて同行した。彼らは、船影はリノワ提督率いるフランス小艦隊だという知らせを持ち帰った。艦隊は、84門のリノワの旗艦マレンゴ号、重フリゲート艦がベル・プル号とセミラント号の2隻、そして26門のコルベット艦と、18門のバタヴィアのブリッグ船ウィリアム号で構成されていた。その後起こったことは、ネルソンに匹敵する冷静沈着さとリーダーシップにまつわる教訓だ。

ダンス准将は大型船で戦列を組み航行を続けたが、先制攻撃はされなかった。日没までに、ダンスはガンジス号のファウラー大尉に指示し、カントリー・シップを大型のインディアマンと敵艦のあいだに配置させた。

ファウラーはカントリー・シップの志願兵を連れてアール・カムデン号に戻った。翌朝7時、ダンスはフランスに戦闘開始を知らせるために戦闘旗を揚げた。約5キロ風上にいたフランス艦も戦闘旗を揚げた。フランスが後衛部隊を分断しようとしたので、ダンスは「攻撃して敵を抑えつけ、続けて交戦せよ」との信号を出した。先頭はロイヤル・ジョージ号、その後にガンジス号とアール・カムデン号が続いた。彼らはフランス船団に向かったが、できるだけ長く攻撃を我慢した。ロイヤル・ジョージ号は敵の攻撃の矢面に立ちながら、可能な限り敵に接近した。ガンジス号とアール・カムデン号は射程距離に入るとすぐに砲撃を開始したが、他の船が攻撃に入る前に、フランスはイギ

ダンスに贈られた凝った装飾のロイズ愛国基金の儀礼剣。各剣には、授与された者の名前と交戦の詳細が彫られている。

ナサニエル・ダンス准将

リス海軍の64門3級艦を相手にしていると考えたらしく、攻撃を断念した。ダンス准将は「彼らは可能な限りの帆を張って東へ向かった」と報告した。フランス側が攻撃を断念したと見るや、ダンスは全艦追撃の信号を出し、午後4時までの短時間追跡をした。マラッカ海峡からは遠く離れ、しかもいまはフランス小艦隊が東側にいることを憂慮して、護送船団は夜間はふたたびまとまって投錨した。翌朝は順調に海峡を進んだ。

ロイヤル・ジョージ号ではひとりが戦死、ひとりが負傷し、船体と帆に小さな損傷を受けた。カムデン号とガンジス号には砲撃の影響はほとんどなく、ダンスによると「敵は見当違いな方向へ攻撃しているようで、砲弾は飛距離が短かったり通り過ぎたりした」らしい。彼はロイヤル・ジョージ号のティミンズ大佐の勇敢な行動に言及し、仲間の司令官らを称賛した。どの船もすっかり片づけられ航行準備ができていた。ダンスは司令官を集め、「満場一致で、われわれに委ねられた貴重な船荷を最後の最後まで守りきる決意を固めた」

マラッカを通過すると、護送船団はついにアルビオン号とセプター号からなる海軍の護送船団と合流した。ガンジス号はインド総督への手紙をたずさえてインドへ向かい、ロンドンへ知らされるべき戦闘の詳細が伝えられた。その後、護送船団は喜望峰経由でイギリスへ向かい、ロンドンに到着すると英雄として迎えられた。ロイズ愛国基金は、100ポンド相当の儀礼剣をダンスに、50ポンド相当の剣をインディアマンの司令官ひとりひとりとファウラー大尉に与えた。ダンス准将は国王に拝謁し、ナイト爵位を授けられた。さらに東インド会社からは年間500ポンドの年金と200ギニーの一時金、そして同じく200ギニーのプレート1枚も与えられた。新聞には、価値ある船荷が間一髪で守られた安堵と、勇敢な商船艦隊への賛辞があふれた。

トラファルガーの海戦

トラファルガーの海戦は、海戦そのものはもちろん、それ以前の期間も重要だった。戦闘で勝利するには、潤沢な資金、装備の整った船、そして百戦錬磨の船員と士官が大量に必要だ。戦果をあげるための追加要素として、ネルソンの「兄弟団」のすばらしいチーム理念と、すべての船員がネルソンと彼の優れた戦術に対して抱く深い敬意も忘れてはならない。

1802年にフランスとイギリスが結んだアミアンの和約は不安定な休戦でしかなく、1803年にはふたたび敵意がわきあがり、そうこうするうちにイギリスもフランスも艦隊を編成した。イギリス海軍は広く分散してい

ホレーショ・ネルソン。イギリス1の海軍司令官が先頭に立って指揮を執らなかったなどと言える者はいない。彼はある戦闘で右目の視力を、別の戦闘で右腕の大半を失った。部下たちの永遠の忠誠心を呼び覚ます能力は当時「ネルソン・タッチ」と呼ばれた。彼のリーダーとしての、そして人を鼓舞してやる気を引き出すモチベーターとしての技術は、現在も研究され続けている。

た。第1に北海の海運を守り、バルト海からの物資の定期輸送を確保することが最優先課題だった。木材、帆に使う亜麻、ピッチ[コールタール等の蒸留後に残る黒色の粘性物質]、そしてコールタールは新造船には不可欠で、修理やメンテナンスでもつねに必要とされた。ところがブレストとトゥーロンの港湾封鎖が原因で資源が消費され、連合国の支援とナポレオンの監視のために地中海艦隊も維持し続けなければならなかった。イギリス軍は半島戦争にもかかわっており、さらに西インド諸島と東インド諸島の防護もしなければならなかった。

1804年12月、スペインとフランスは連合艦隊の編成で合意した。しか

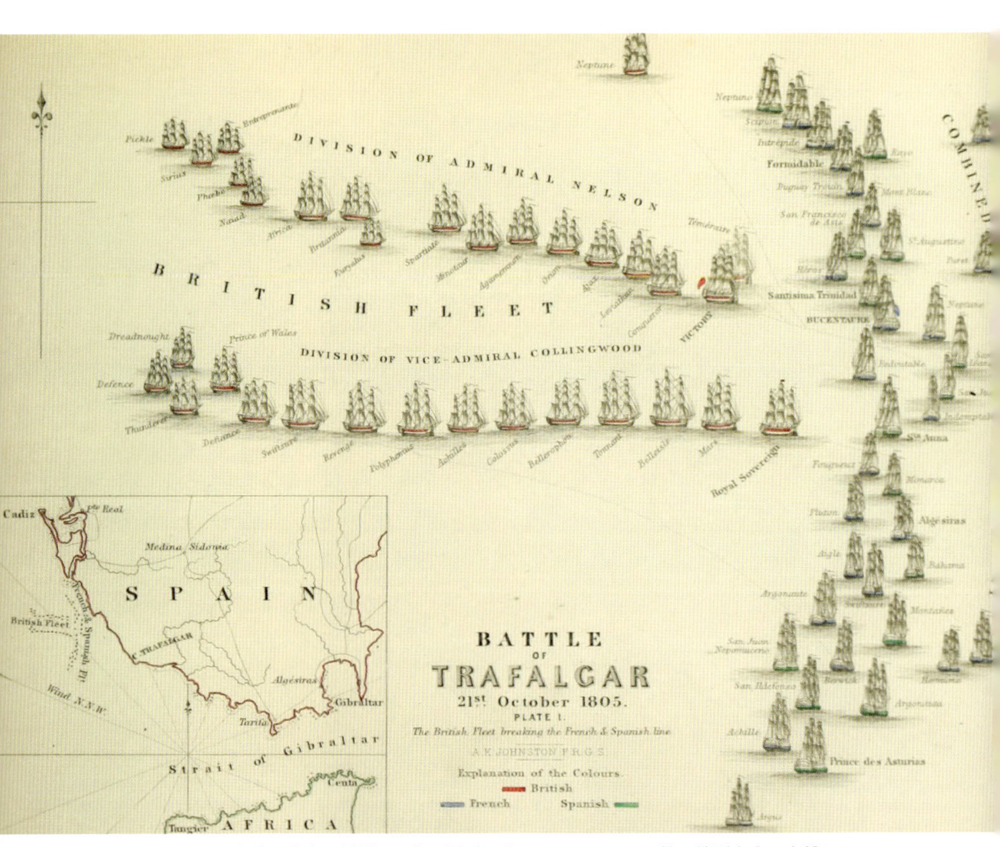

トラファルガーの海戦の戦術。艦隊を2本の縦列に分けたネルソンは、敵の戦列中央に突撃した。混乱を起こすことが目的で、その状況ではよく訓練された自軍の船員のほうが有利だと理解していた。

しイギリス海軍による港湾封鎖で、ヴィルヌーヴ率いる艦隊はトゥーロンから動けなかった。ナポレオンのイギリス侵攻計画はイギリス海峡の制圧にかかっていたので、フランス艦隊はブレスト、ロシュフォール、トゥーロンの封鎖を突破し、スペイン海軍と合流して西インド諸島でのイギリスの影響力を揺るがす必要があった。防御を強いられたイギリス海軍がイギリス海峡をあきらめれば、侵略が楽になるという期待もあった。ロシュフォールの小艦隊は封鎖をみごとに突破し、1805年3月にはヴィルヌーヴの艦隊もトゥーロンの拘束状態から抜けだした。4月になるとネルソンは、ヴィルヌーヴがすでに地中海を出て、カディスからのスペイン艦隊ともども西インド諸島を目指しているとの情報を得た。ネルソンは追跡に出たが、コーンウォリスはイギリス海峡に残り、ブレストの封鎖を続けた。

ピエール＝シャルル・ヴィルヌーヴ提督。この海戦でイギリス軍の捕虜になり、フランスには1805年末に帰国した。海軍への復帰を目指して尽力したが許可されず、1806年4月、レンヌのホテルで刺殺体となって発見された。自殺との公式見解を世間は鼻であしらい、トラファルガーで敗北したためにナポレオンの命令で殺されたのだと信じた。

ヴィルヌーヴとスペインのグラヴィナ提督は、マルティニークに到着した。しかし拿捕された護送船団から、ネルソンもいまは西インド諸島にいると聞かされたため、イギリスの海上や陸上の権益になんのダメージも与えることができないままヨーロッパへの帰路についた。ネルソンはわずか2日遅れであとに続いた。7月22日、西仏艦隊はカルダー提督率いるイギリス小艦隊にフィニステレ岬付近で遭遇したが、交戦は失敗に終わり2隻を失った。イギリス海峡への道が閉ざされたと知ったヴィルヌーヴは、カディス防御に向かった。一方、ネルソンはいまだにヴィルヌーヴを捜索中で、西仏連合艦隊によってイギリスと地中海を結ぶ海運が妨害される前に戦闘に持ちこもうと必死だった。しかし、ヴィルヌーヴが地中海に再侵入していないと知るや、ネルソンは短期間ながらイギリスへ戻った。27か月前にカディスの監視のためにコリングウッドを出て以来、初めての帰国だったが、9月末にはふたたび艦隊に戻って将校たちに指示を出していた。

その頃、イギリス侵攻の5回目の計画を練っていたナポレオンは、カディスを離れてネルソンの艦隊を攻撃するようヴィルヌーヴに圧力をかけ続けていた。当のヴィルヌーヴはイギリス軍のほうが優勢だと確信し、ネルソンとの対決を望んではいなかった。実際は、イギリス艦隊は33隻から27隻に縮小していた。ネルソンの戦列艦6隻が水や食料補給のためにジブラルタルへ向かったためだ。ネルソンは戦闘計画の合意を得るために将校たちと会合した。彼が望んだのは大乱戦で、通常の戦列による戦いではなかった。海戦特有の通信リスクをいやというほど知っていたので、ネルソンの指令にはつぎのようなものも含まれていた。「信号旗が見えなかったり完全には理解できなかったりした場合、敵の船に自分の船を横づけすれば、どの船長も間違いを犯すはずがない」。乗員たちの士気は高く、ネルソンの評判は艦隊じゅうに広まっていた。

ユライアラス号の新米船員ジェイコブ・リチャーズは、戦闘後つぎのような記録を残した。

> 夜が明けると、敵の艦隊が15キロほど風下で密集するように9本の戦列を組んでいるのが見えた。われらが勇敢なる提督は、艦隊の艦長や司令官たちに、戦闘に必要な最高の秩序と安定性を確実に生むような指示を事前に与えていたので、信号以外ほとんど何もしなかった。

ネルソンが率いたのは27隻の戦艦、1万7000人の乗員、

イギリス海軍ヴィクトリー号。このネルソンの旗艦は、現在ポーツマスの海軍博物館で展示され、いまも第一海軍卿の旗艦とされている。

トラファルガーの海戦。この海戦はスペイン南部、トラファルガー岬が舞台だった。

2148門の艦砲で、対するヴィルヌーヴは33隻の戦艦と3万人の乗員、艦砲は2632門だった。ネルソンは縦1列の戦列のかわりに3本の縦列を組み、前例に反して自身と上級指揮官コリングウッドがそれぞれの縦列を率いることにした。ふたりはできる限りの帆を張って交戦に入った。要するに、敵の予想よりも速く接近するということだ。ところが風が弱かったため、ネルソンは戦闘準備にたっぷり時間をかけることになり、かの有名な信号旗を構成することもできた。それは午前11時40分に掲げられた。「イン

グランドは銘々がその義務を果たすことを期待する」。ネルソンは「信頼する(confides)」という言葉を使いたかったのだが、通信士官のジョン・パスコー大尉が、それにはもっと多くの旗が必要だと説明した。信号旗のメッセージは艦隊全体に響き渡り、戦闘後に本国へ送られた多くの手紙でも多少のアレンジを加えて繰り返し書かれた。

ネルソンとコリングウッドはまっすぐに西仏戦列へ向かった。異なる速度で移動したので、敵からはまとまりなく混乱しているように見えた。自

ベンジャミン・ウェスト画「ネルソンの死」。この美化された描写が、イギリスが誇る海軍の英雄の最期の瞬間として広く受け入れられるようになった。

身の旗艦ビューサントル号に座乗したヴィルヌーヴは、スペインの大型戦艦サンティシマ・トリニダード号を間近に従えていた。弾薬と乗員の体力を温存するために攻撃を控えていたヴィクトリー号からは負傷者が出た。鉄の規律と強靭な精神が必要とされるなか、ネルソンの横にいた部下ひとりが敵の攻撃で即死している。20人が戦死、30人が負傷したのち、ようやく午後12時35分にヴィクトリー号は攻撃を開始した。

ネルソンの縦列は敵艦隊の中心部に垂直に切りこみ、コリングウッドは戦列後部に斜めに突入した。当初はイギリス艦隊にとって非常に危険な状況だった。ドレッドノート号に乗船していたトマス・コンネルはこう記している。「われわれは、反撃する力を蓄えるしばらく前から先制攻撃にさらされた」。しかし、この型破りな攻撃で西仏艦隊はかなり混乱した。開戦直後は彼らが優勢だったが、イギリス艦がつぎつぎと押し寄せてくるにつれて猛攻撃を受けた。砲撃は昼頃に始まり、大きな損害を出す結果となった。ネルソンの乗るヴィクトリー号はフランスのルドゥタブル号に攻撃された。午後1時15分、軍服に勲章もまとって非常に目立っていたネルソンが、敵艦のマストの高所から肩を撃たれた。弾丸は背骨を砕き、外科医のビーティも手の施しようがなかった。ヴィルヌーヴは午後2時30分に降伏したが、ネルソンは4時30分に絶命した。すばらしい勝利をおさめたと聞かされながら。

「イングランドは期待する」の信号旗が描かれたトラファルガー記念メダル

　ブリタニア号の有能な船員ジェームズ・ウェストは、両親にこう書き送っている。

> わたしにとって、いや、イギリスの全船乗りにとって残念なことに、気高い英雄ネルソン卿はもうこの世にいません。彼は勝利の腕に抱かれて亡くなりました。世界じゅうの栄光が彼を包みこみました。敵はカディスからわたしたちを破りに来ましたが、イギリスの英雄がそれを許さなかったのです。

イギリス側が敵船の拿捕の準備を進めていると、強風に見舞われ、すでに損傷してぼろぼろの船がさらに大きく破損した。こうしたなかで、総司令官の立場になったコリングウッドは、イギリス軍の勝利とネルソンの死、負傷者数、拿捕した艦艇、そして艦隊の状況を至急イギリスへ知らせる必要があった。最終的に、イギリス艦隊の1700人が死傷、フランス人とスペイン人の約6000人が戦死し、2万人が捕虜になった。ラプノティエール大尉が指揮を執るイギリスのフリゲート艦ピッキー号は、重要な知らせを海軍本部へ大至急届ける任務を与えられた。西仏艦隊は、わずかに残った船でカディスを目指し、一方イギリス軍は死傷者をジブラルタルへ運んだ。

　イギリスでは、祝福ムードは鳴りを潜めた。ネルソンの死が社会のあらゆる階層で大きな喪失として受け止められたためだ。やがてイギリス艦隊が帰還した。ヒーロー号の乗員ジョン・パーは、11月10日にプリマスに帰港した。「われわれが拿捕船とともに港に入ると、岸壁の人々の大きな喝采と楽団の『ルール・ブリタニア』の音楽であたたかく迎えられた」

フランス側の受け止め方は、無関心に近かった。ナポレオンは、陸戦に集中する必要から、トラファルガーの海戦前のイギリスへの侵攻計画はすでに断念していた。そして1805年12月にアウステルリッツで決定的な大勝利をおさめ、祝福された。最大の敗者は、艦隊が全滅したスペインだ。1806年、ナポレオンは大陸封鎖を命じ、イギリスと大陸の交易を禁止した。イギリス経済に打撃を与えることが目的だったが、大きな影響があったのはむしろ大陸の経済だった。1786年のアムステルダムには80か所の製糖所があったが、1813年にはわずか3か所に減少している。ポルトガルは大陸封鎖に抵抗し、スペインは反乱を起こした。スウェーデンは封鎖をかいくぐり、ロシアは心変わりした。1809年には、ついにイギリスはフランスから穀物を輸入している。

トラファルガーの海戦で勝利した結果、イギリスは押しも押されもせぬ海の覇者となり、19世紀のあいだその地位を守り抜いた。毎年10月、イギリス海軍はトラファルガーの海戦の勝利を祝って夕食会を開き、幹部士官たちが有名な言葉を述べる。「ネルソンと、彼とともに倒れた人々の不滅の記憶に乾杯」

ネルソンの制服。左肩には死因となった銃弾による穴が残っている。

エクス・ロードの海戦

トラファルガーの海戦でフランス艦隊は全滅したと考えたくなる。実際そのように見えたが、フランス艦隊にはまだ力が残っていた。ブレスト、ロリアン、ロシュフォールといったフランス各地の港に分散してはいたのだが。これらの艦船が合流して脅威になることを防ぐために、イギリスは港湾封鎖を開始した。

トマス・コクラン。当時もいまも物議を醸す人物で、当時としては急進的な意見を支持する下院議員でもあった。

風向きさえ良ければ封鎖は効果を発揮するが、イギリス海軍は悪天候のために港内の定位置を離れざるを得なくなった。フランスはこの好機を逃さずブレストから脱出した。ロンドンでは、そのフランス船が西インド諸島へ向かうことが懸念された。フランスの植民地マルティニークをイギリスが包囲していたためだ。しかし、ブレストを出た船団は沿岸沖を南下し、ロシュフォール艦隊と合流して14隻の艦隊となり、エクス・ロードで投錨した。このフランス戦艦の集結がロンドンの不安材料となり、海峡艦隊の総司令官ガンビエ卿は、火船でフランス船団を壊滅せよと指示された。憂慮する海軍省の上官たちとは対照的に、慎重な性質のガンビエは気乗り薄だった。信仰に篤い彼は、火船の使用の提案を拒絶した。

失望した海軍省は、若き大佐、コクラン卿を送りこんだ。ちなみに彼は下院議員だった。コクランは以前、火船によるフランス艦隊壊滅計画を提出しており、闘志あふれる指揮官として若くして成功していた。コクランはガンビエからの手紙を見せられ、国が行動を求めていることをすぐさま理解したが、下士官の自分が恨みを買いやすい立場であることもわかっていた。彼の計画が成功すれば手柄は上官のものになり、失敗すれば彼だけが海軍省と上官から責められ、評判は地に落ちるだろう。コクランは、自分は下っ端の立場なので「ガンビエ卿は、絶望的とは言わないまでも彼が躊躇なく危機と呼んだ事態をわたしごときが引き受けることを、おこがましいとみなすかもしれない」と異議も申し立てた。しかし海軍省は主張を曲げず、12隻の火船が用意された。コクランの計画には新型の武器も含まれた。ウィリアム・コングリーヴが発明したロケットだ。

ガンビエは火船の指揮を大喜びでコクランに任せたので、コクランの心

エクス・ロードの海戦はイギリスが勝利した。その日、海軍のふたりの指揮官は互いに反目していたのだが。

配は杞憂に終わった。だがコクランの先輩にあたる他の小艦隊の艦長たちは、昇進で先を越されたことをおもしろく思っていない様子だった。コクランはインペリウス号に座乗し、フランス艦隊やその拠点を偵察した。フランス艦隊は狭い海峡と海面に浮かべる防材に守られて戦列を組んでいた。

4月11日、コクランはついにガンビエから攻撃許可を与えられ、最善の作戦として夜間攻撃を選択した。12隻の火船に加え、コクランは小艦隊の古い輸送船3隻を火船に改造させ、丸太、火薬、擲弾や手榴弾を積みこんだ。その後3人の志願兵とともに最大の火船に乗りこみ、船団を率いてフランス艦隊へ向かった。闇のなか、コクランは乗員を待機船に送って導火線に火をつけた。彼らが船をこいで戻ると、火船は爆発し、直後に2隻目の火船も続いた。他の火船も海面の防材を抜けてフランス艦隊に向かっていた。結局フランス艦隊に到達したのはわずか4隻で、損害はほとんど与えられなかったものの、乗員にパニックを引き起こすことはできた。その結果フランス軍は暗闇のなか火船から逃れようとしたあげく、2隻を除いてすべて座礁した。

夜が明けると、コクランはガンビエに攻撃を示唆する信号を出したが、ガンビエはそれを無視した。コクランはいらいらしながら潮が満ちるのをながめていた。これでフランス船は逃走するだろう。ガンビエにふたたび信号を送ったがやはり反応がなかったので、コクランはある作戦を決行するために、大胆で独創的な案を固めた。自艦を船尾から敵に向かわせたのだ。彼がフランス船との交戦を余儀なくされれば、残りのイギリス艦隊は救出に来ざるを得なくなると当てこんだのだ。午後1時45分までに、コクランは3隻のフランス船と交戦した。ここにきてガンビエも行動を起こさざるを得なくなり、2隻の戦艦と7隻のフリゲート艦を送りこんだ。その結果3隻のフランス船が降伏し、小型船数隻は乗員によって火を放たれた。残りの船はシャラント川の待避所へ移動した。翌朝、ガンビエは艦隊を呼び戻したが、フランス艦隊壊滅の任務が果たされていないとわかると、コクランは攻撃続行を決断した。ふたりのあいだであいまいなメッセージが何度か行き交い、ついにガンビエはコクランに艦隊に戻るよう命じ、そのまま使者ともどもイギリスへ送り返した。

コクランは英雄として迎えられ、ナイト爵位を与えられたが、エクス・

ロードでの未完遂の作戦についての噂が流れ始め、タイムズ紙にも掲載された。下院でガンビエへの感謝決議案が公式に提出されたとき、下院議員のコクランは反対票を投じると事実を明らかにした。ガンビエは軍法会議で汚名を返上すると決意を固め、会議は彼が有利になるように大きく操作された。こうしてガンビエは「晴れて無罪放免となり」、アンドルー・ランバート教授の言うように「もっとも好意的に解釈しても重大な過ちとしか言えないことに対して、議会に感謝された」。コクランは事実上、名誉棄損で告発され、それが海軍でのキャリアを深く傷つけた。弱体化した政府は、この一連の出来事をうまく管理できなかったのである。

エクス・ロードの海戦ではこれといった活躍をしなかったので、ガンビエは祖国の新聞で悪意のある風刺画にされた。

1812年戦争(米英戦争)

1812年6月、アメリカ合衆国はイギリス連合王国に宣戦布告した。英米の関係は数年にわたって緊張状態が続いており、トマス・ジェファーソン大統領と後継者のジェームズ・マディソン大統領は、フランスを支援していた。1812年になると、ワシントンでは、フランスが勝利しイギリスが弱体化するとの見方があった。アメリカは人口が10分の1のカナダに目をつけた。カナダは造船に必要な木材を、おもにイギリス海軍に供給していた。イギリスではバルト海からの木材供給が脅かされていた。カナダを併合すればアメリカの領土が広がり、イギリスの戦争努力も阻止できるだろう。

一般的に、事態が悪化したのは、イギリス海軍がアメリカ人船乗りを自国の軍艦で軍務に就かせたことが原因だと考えられてきた。しかし当時は「外国船から臣民を取り戻す」ことは、多くの国で当たり前のように行われていた。英米間には、イギリス市民とアメリカ市民をどのように定義するか

アメリカ海軍チェサピーク号を圧倒するイギリス海軍シャノン号。1812年戦争は、両軍のあいだで武運が満ち引きを見せ、どちらも相手に決定的な打撃を与えることができなかった。そのため、最終的にイギリスとアメリカは交渉によって和解案を模索することとなった。

という特有の問題があった。決め方のひとつは出生によるもの、もうひとつは居住期間によるものだ。アメリカ市民権の公的書類は存在しなかったが、非公式なものはアメリカ領事が発行していた。しかしイギリス人事務官はおおむねそういった書類には懐疑的だった。約6500人のアメリカ市民が強制的にイギリスで兵役に就かされ、約3800人がその後除隊したと考えられている。しかしこれは外交圧力を高める要因となった。

イギリス陸軍はフランスとの戦いにほぼ専念していたが、トラファルガーの海戦の勝利によって制海権はイギリス海軍が握っていた。アメリカの宣戦布告を受けて、イギリスは海上封鎖を開始し、沿岸の巡視のためにカナダのハリファックスから5隻の軍艦を送りだした。アメリカ海軍には11隻のフリゲート艦があり、そのうちコンスティテューション号、プレジデント号、ユナイテッド・ステイツ号の3隻は44門艦だった。コンスティテューション号は1797年にボストンで建造され、新生アメリカ海軍の6隻のフリゲート艦のひとつだった。すでに2回の戦争で実戦を体験し、1812年戦争でも大活躍が期待された。最初の大きな交戦が勃発したのは、イギリスの38門艦ゲリエール号が修理のためにハリファックスへ戻る途中でアメリカのコンスティテューション号に遭遇した8月だった。2隻が距離を詰めると、ゲリエール号は舷側砲で攻撃を開始した。だがコンスティテューション号は大砲に舷側を攻撃されながらも、さらに敵艦に接近するまで攻撃しなかった。コンスティテューション号の分厚いオーク材の船体が防御になったためで、そこからこの船には「オールド・アイアンサイズ(頑丈なやつ)」という愛称がついた。アメリカのアイザック・ハル大佐はゲリエール号のマストを狙う戦術で成功し、午後7時までにジェームズ・ダクレス大佐が降伏した。乗組員が去ると、ゲリエール号には火が放たれ、沈められた。アメリカ海軍にとっては大きな戦果で、イギリスにとっては衝撃の事態だったが、これで終わりではなかった。

10月には、イギリスの38門のフリゲート艦マセドニアン号が、スティーヴン・ディケーターが座乗するアメリカの44門艦ユナイテッド・ステイツ号に拿捕された。大型のアメリカ船が敵船のマストを倒して船体に傷を負わせ、降伏させたのだ。ディケーターはマセドニアン号を慎重に保護し、ロードアイランドのニューポートまで曳航した。そこで修繕されたのち、

アメリカ船コンスティテューション号がイギリス船ゲリエール号に勝利したことで、アメリカは世界の海運大国のひとつとして名乗りをあげた。新しい国をひとつにまとめるための国民的英雄と象徴を確立しようとしていたところで、「オールド・アイアンサイズ」の異名を持つコンスティテューション号は、アメリカで深まる自信の象徴となった。

マセドニアン号はアメリカ艦マセドニアン号としてアメリカ海軍に加わった。その後1815年1月、ディケーターはイギリスに捕らえられた。

1812年12月、アメリカ船コンスティテューション号はウィリアム・ベインブリッジ大佐に率いられブラジル付近を航行していた。そして12月29日午後2時、38門のイギリス船ジャワ号を発見した。交戦の口火を切ったジャワ号の攻撃がコンスティテューション号に損害を与え、ベインブリッジは負傷し、舵輪は破壊された。それでもコンスティテューション号は敵船に接近して舷側から一斉射撃を行い、それがジャワ号の策具装置の前方部分を破壊した。2隻はそれからもつれあい、コンスティテューション号の最終攻撃が戦いに終止符を打った。ランバート大佐と60人のイギリス人乗員が戦死、アメリカのコンスティテューション号の戦死者はわずか9人だった。

他にも単船による勝利がいくつか続いた。1813年2月には、アメリカのスループ船ホーネット号がイギリスのブリッグ・スループ船ピーコック号を拿捕している。のちにイギリス海軍の軍法会議は、この損失の原因は「射撃の技量不足にあり、過去3年間で乗組員に火器使用の実戦訓練をしてこなかったため」とみなした。西インド諸島の小型イギリス船は、何年ものあいだ本格的な戦闘に臨む機会がまったくなかったのだ。威力のないイギリス船がアメリカの44門船に対峙した場合、ふたつの選択肢があった。退散するか、遠距離からマストやスパーを破壊して使い物にならなくするかだ。後者の選択はイギリスの流儀ではなかったが、1814年3月、イギリスのフィービ号がまさにその戦術でアメリカのフリゲート艦エセックス号を拿捕している。

1813年6月、イギリス船シャノン号がアメリカ船チェサピーク号にボストン沖で遭遇した。有名な歴史家が指摘してきたように、戦艦は複雑なシステムで、ひとつでも弱点があるとそれが災いを招くことになりかねない。チェサピーク号はその典型例だった。アメリカのジェームズ・ローレンス大佐は自信家だったがゆえに事実を見逃した。つまりチェサピーク号は厳密には戦闘態勢が整っていなかったのだ。初期の猛攻撃でチェサピーク号はトップスル・ヤードが倒れ、上手回し［逆風で帆走する際に、船首を風上に回して針路を変更すること］になった。そこでイギリス船が甲板を一斉に攻撃したため、士官の大半が殺された。このときはイギリス側が勝利したが、単船の交戦ではアメリカ船が桁違いの技術を見せつけていた。

1812年戦争では、アメリカ海軍の船員と戦艦の質の高さが明らかになった。1814年まで、イギリスはアメリカ東海岸をかなり厳しく封鎖していたが、なんの目的も達成できない戦いを避けたいのはどちらの国も同じだった。こうして1814年12月24日にベルギーで講和条約が締結された。この終戦で、アメリカ海軍はきわめて良い働きをしたとみなされた。単船の作戦も大成功をもたらしていた。アメリカ船「オールド・アイアンサイズ」ことコンスティテューション号は、国家の象徴となり、1855年まで現役で使われ続けた。

拿捕されるジャワ号。この逸話と1812年戦争の出来事全般は、いまやアメリカ海軍という強力なライバルが出現した事実をイギリス海軍に突きつけた。

Engraved by R. & D. Havell.
URABLE THE LORDS COMMISSIONERS OF THE ADMIRALTY.
nbert, at 5 Min. past 3 P.M. after an hours close & severe Action with the American
abled in her Masts, Sails, & Rigging, by the Enemy's very superior Force & Weight of Metal,
t of success, her Foremast fell, & she was rendered totally unmanageable.
American Force
Guns 55
Men 485
Weight of Metal 1490

1827年　*BATTLE OF NAVARINO*

ナヴァリノの海戦

帆船による最後の海戦は、戦争当事国同士の戦いではなかった。じつに混乱した戦いで、始まりもおそらく偶発的だった。1827年、地中海では各国の動きが活発だった。ロシアは地中海へのアクセスを模索中で、ギリシアはオスマン帝国に反旗を翻し、その支配からの独立を目指していた。イギリスの世論はギリシア寄りだったが、政府はそつなく仲裁を目指し、ロシアの意図をいぶかしんでいた。しかし、ロシアはオスマン帝国とは相容れず、ギリシアを支持していた。ギリシアにはフランスからも大きな支援があった。そのため7月にイギリス、フランス、ロシアのあいだで協定が結ばれた。9月には、オスマン帝国の司令官から口頭で停戦の合意が得られたので、すべての同盟国がギリシア近海に海軍を送り停戦の履行を監視した。オスマン帝国はシリアとエジプトのパシャとの同盟によって立場を強化した。

エジプト軍の指揮官イブラヒム・パシャ。その長いキャリアのなかで、オスマン帝国側について戦ったこともあればオスマン帝国を相手に戦ったこともあった。現在は国民的英雄として祖国で尊敬を集めている。

イギリス海軍中将サー・エドワード・コドリントンは、その階級最年長の将校として連合艦隊の指揮を執った。ロシア分艦隊は海軍少尉デ・ハイデンが、フランスはゴティエ・ド・リニー少尉がそれぞれ率いた。連合軍は総数で戦列艦

エドワード・コドリントン。ナヴァリノの海戦で成功したが、万人の称賛は得られなかった。彼の作戦行動は強引だとみなす政府関係者もいた。オスマン帝国軍を弱体化させることで、彼はイギリスの同地域の主要ライバルであるロシアの支配力を強化したのだ。

10隻、フリゲート艦10隻、その他約12隻の軍艦という構成だった。オスマン帝国とエジプト艦隊のほうが規模は大きかったが、戦列艦は少なかった。同盟の意図は、「必要とあらば大砲を撃ってでも、協定の目的である休戦を実現する。その目的は連合軍の介入と、可能ならばメガホンだけで、だが必要とあらば武力によって、平和を維持すること」だった。

フランス人画家アンブロワーズ・ルイ・ガルネレー画「ナヴァリノの海戦」。ガルネレー自身がかつて船乗りで、海賊だった時期もあるというのは異色だ。当然ながら、彼の作品はほぼ航海のみをテーマにしている。

トルコ艦隊の指揮官イブラヒム・パシャは、ナヴァリノ湾に軍艦を配置し、9月25日にコドリントンとリニーに対峙した。連合軍は調停を申し入れたが、イブラヒム・パシャは、調停の提案に対するスルタンの答えがわかるまではここから動けないと返した。そこで連合軍はトルコ艦隊の監視のために2隻のフリゲート艦だけを残して撤退した。

同じ海域にはギリシア海軍も待機していたが、それはコドリントンの連合艦隊には属していなかった。ギリシア軍を率いていたのはコクラン卿だった。たびたび議論の的になるイギリス人士官で、以前チリが独立を目指していたときはチリ海軍に所属していた。イブラヒム・パシャは、コクランとギリシア艦隊に撤退を求めて使者を送ったが、コドリントンがそのトルコ船を途中で捕らえた。

口約束の停戦は終わりだと考えた陸上のトルコ軍は、ギリシアで町に火を放って略奪し、ピュロスの町を攻撃していた。事態を懸念したコドリントンは、ナヴァリノ湾に戻り武力でトルコ艦隊を阻止しようと考えた。港湾封鎖には適さない天候だったので、彼は湾内に入ることを決断した。ある目撃者は、その光景についてこう語っている。「港の入り口に到着した

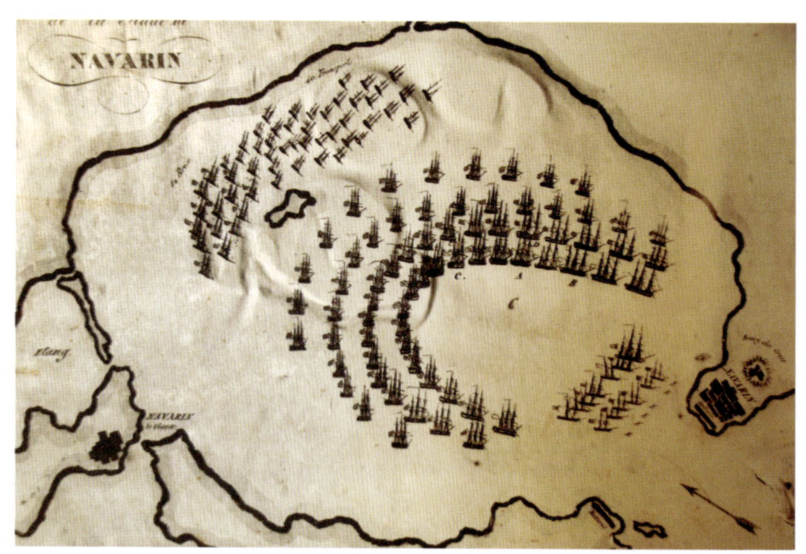

ナヴァリノの海戦の戦略。船が整然と配置されているように見えるが、戦闘は大混乱に始まり、大混乱に終わった。

ナヴァリノの海戦のコイン。イギリス海軍が大きな勝利をおさめると、記念コインやメダルが出されるのが一般的だった——公式評価があいまいなナヴァリノの海戦も例外ではなかった。

途端にトルコ船がやって来て、イブラヒム・パシャの許可なくしていかなる船も侵入することは許されないと提督に伝えた。それに対して提督は、自分は命令を受けるためではなく、命令をするために来たのだと答え、もしわれわれの船にライフル弾1発でも撃ったら、トルコ艦隊を全滅させると述べた」

コドリントンに率いられた連合軍は湾内に侵入し、トルコとエジプト艦隊付近に投錨した。緊張が高まるこのような状況のなか、トルコの火船に距離を保つよう要請するために、イギリスのダートマス号が小型船を送りこんだ。トルコはそれに戦意があるとみなして攻撃し、士官を殺害した。ダートマス号の船長は、引き返してくる船の乗員を守るために援護射撃を命じたが、その砲撃音で他の船も一斉に攻撃を開始した。あたり一帯大混乱で、ありとあらゆるところで見境のない攻撃が行われ、火船が四方八方で混沌を招いた。沿岸の砲台も後れをとらないように攻撃を開始した。先の目撃者の話はこう続く。「砲撃は港のあらゆる方向から雨あられと降り注ぎ、港はぐらぐら沸きたつ大釜のように攪拌されていた。トルコ軍は懸命に戦った——われわれの予想以上の奮闘だった」

戦闘は約4時間続き、トルコ艦隊の大半が破壊され、約4000人のトルコ人が死傷したが、連合艦隊の損失は172人の死者と485人の負傷者だった。無名の目撃者はその後についても報告している。

パシャは提督とともにおり、火船は彼らの艦隊のものではなく、彼らとは無関係のモデアの船だと断言した。きっとこれは嘘だろう——われわれは港に入る前に、火船があることに気づいていた。またその位置もわかっていたので、小艦隊のブリッグ船はまずそれらを止めるよう指示されていたのだ。(中略)言い忘れたが、降伏したトルコ船はすべて、戦闘翌日にわれわれの船によって破壊された。ロシアは戦利品をいくつか手に入れ、数人の捕虜もとった。しかしイギリスは、そしておそらくフランスも、何も持ち帰らなかった。

どこをとっても大混乱の海戦だったが、この交戦のおかげでギリシアは独立国家として存続することが確定した。コドリントンはロシアとギリシアから表彰され、海軍卿クラレンス公は彼にナイト爵位を授けるよう進言した。しかしこの一件は政治的に物議を醸し、政府内には当惑する者もいた。国王もそのひとりだ。驚いたことに、コドリントンはロンドンへ呼び戻され、1828年6月に指揮官を解任された。しかしのちに別の艦隊で海軍でのキャリアを再開している。

ナヴァリノの海戦はオスマン帝国支配からの独立を目指すギリシアの広範な戦いのひとつだった。その大義はイギリス国民のあいだで非常に人気が高かった。

ハンプトン・ローズの海戦

装甲艦同士の初めての海戦はアメリカ南北戦争中に起こり、海戦の本質を変容させることとなった。壮絶な戦いに巻きこまれた2隻のうち、南部連合国海軍のヴァージニア号(元メリマック号)は改造された木造蒸気船だったが、合衆国海軍のモニター号は特定の目的のために建造された。

木材はいまだに軍艦建造に適した優れた建材だったが、鉄の使用も数多く実験されてきた。初めての完全鉄材船は、1843年に進水した大型のプロペラ船グレート・ブリテン号だ。だがどの国の海軍も、鉄を軍艦の材料として導入するのは遅かった。木造の船体を鉄板で覆った、いわゆる装甲艦を初めて建造した国はフランスで、それが1859年のラ・グロワール号だ。

モニター号の回転タレット。1862年7月撮影。タレットは機関銃座のような働きを持ち、船の銃を収容する。船乗りが喫水線より上で作業する唯一の場所だった。

1860年には、イギリス海軍が初めての総鉄製の船、ウォリアー号と姉妹船ブラック・プリンス号を送りだした。これらはどれも従来どおりの外観だったが、アメリカのモニター号はまったく異なる設計の、他とは一線を画する装甲艦だった。

アメリカは1840年に装甲艦を検討し、1854年にスティーヴンス・バッテリー号という実験船に投資した。それは新しいアイデアに満ちあふれ、非常に斬新で複雑なデザインの船だった。しかし、新興国で手に入る工業資源は限られていたので、この実験船が完成することはなかった。ところが南北戦争が勃発し、軍艦の設計に両軍が必要としていた創意あふれる工夫がもたらされた。南部連合国は海軍が充実しておらず、チェサピーク湾は北軍の5隻の船によって封鎖されていた。そこで南軍は、北軍の沈没した木製フリゲート艦メリマック号を引きあげた。北軍が故意に沈め放棄した船だ。メリマック号は1855年にボストンで建造された蒸気スクリューフリゲート艦で、新船同然だったが、エンジンの信頼性は低かった。南軍はメリマック号の船体を厚い鉄板で覆い、舳先には体当たり攻撃用の鉄製の衝角をあらたに加え、武器も搭載したが、エンジンは手の施しようがなく、かといってエンジンを交換する設備もなかった。速度は遅かったが、重装備だった。ジェームズ川艦隊を率いる経験豊富なブキャナン大佐が個人的に指揮を執り、地元船員350人と陸軍の数人をなんとか集めて乗員とした。

モニター号の設計者、ジョン・エリクソン。スウェーデン系アメリカ人発明家で、モニター号以外にも魚雷技術の発明や初期のソーラーパネルの原型等の業績を残している。

それは時間との戦いだった。北軍が強靭な装甲艦を新たにニューヨークで建造中だったためだ。メリマック号あらためヴァージニア号とは違い、この北軍のモニター号は当初から装甲艦として設計され、それまでにない新しい原理に基づいていた。設計したスウェーデン出身のジョン・エリクソンは有名な発明家だった。彼が設計した船は喫水がほんの3.1メートルで、甲板は喫水線のかろうじて上という位置だった。乗組員はわずか50人、それに対してヴァージニア号は300人以上だった。報道ではこのように伝えられた。

> 長く、幅も広い平底船で、側面は垂直で両端は接合されている。水深が非常に浅いところでも浮くことができる。難攻不落の武器を舷側に積んでおり、甲板も防弾仕様だ。この船は非常に低く水面に近いので、敵は狙うのが難しい。すべての装備、すべての人員が喫水線の下に位置するが、例外は銃砲にかかわる人員だ。彼らは、砲が設置される防弾のタレットで保護される。

形こそ奇妙だったが、それよりはるかに大型のライバル船並みに頑丈で、機動性はより優れていた。モニター号はヴァージニア号に必要な水深の半分で航行でき、11インチ(28センチ)砲2門が設置された大型回転タレットを備えていた。それは驚くべき速さで完成した。1861年10月25日に建造が開始され、1862年1月30日に進水、2月25日に就役している。3月6日、モニター号はウォーデン少佐の指揮のもと、チェサピーク湾に向けて出航した。ニューヨーク湾を出るまでは2隻の木造蒸気船に曳航された。しかし、モニター号は航海に適しているとは言えず、悪天候ではすぐに水をかぶることが即座に判明した。それでも、なんとか3月8日遅くにチェサピーク湾に到着した。

同日の朝、ヴァージニア号は係留地点から曳航されていた。報道ではつぎのような光景が伝えられている。「舷側、舳先、船尾は(中略)傾斜した鉄板に覆われている。それは喫水線から60センチほど下におよび、上部で家の屋根のように接続している。船首の喫水線上には舳先のような2本の鋭い鉄の先端があり、そのあいだは180–200センチ離れている」

南軍の2隻の蒸気船、ヨークタウン号とジェームズタウン号を従えて、ヴァージニア号は湾を閉鎖している北軍のカンバーランド号とコングレス

カンバーランド号を撃沈するヴァージニア号。カンバーランド号は装甲艦に沈められた初めての船という不名誉を残した。

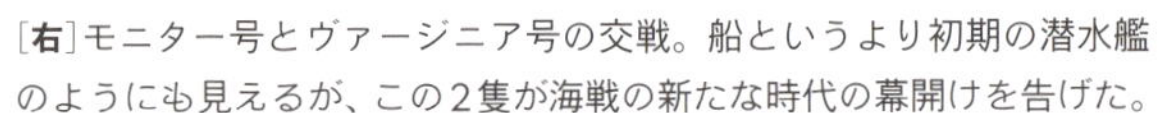

[上]フランクリン・ブキャナン。南軍1の最高の海軍司令官だったブキャナンは、アメリカ連合国海軍で正提督に任命された唯一の人物だった。
[右]モニター号とヴァージニア号の交戦。船というより初期の潜水艦のようにも見えるが、この2隻が海戦の新たな時代の幕開けを告げた。

号にまっすぐ向かった。2隻は攻撃をまったく予想していなかった。ヴァージニア号が91メートルの距離に接近しているというのに、北軍の船はその鉄板をまとった船体にまったく損傷を与えられなかった。ヴァージニア号は船首の鉄の破城槌でカンバーランド号に激突、いったん後退してから舷側を砲撃した。その後何度も衝突してカンバーランド号を撃沈した。ジェームズタウン号と戦っていたコングレス号は降伏した。ブキャナンは、非常に扱いにくい船だったにもかかわらず、ヴァージニア号で大勝利をおさめた。2隻が破壊され、3隻目は損害を受け、250人の死傷者が出たが、ブキャナン配下の乗組員の死傷者はわずか21人だった。脚を負傷していたブキャナンは、ヴァージニア号を南軍の大砲付近に撤退させた。ちょうど日が暮れ始めたこの時点で、モニター号がハンプトン・ローズに到着した。

翌朝、新たにジョーンズ大尉が座乗したヴァージニア号は、チェサピーク湾を横切って北軍艦隊を壊滅させようとした。だがモニター号が高い機動性で真価を発揮し、浅瀬ではヴァージニア号よりすばらしい仕事ぶりを

見せた。その後の戦闘はほぼ午前中いっぱいかかった。ジョーンズはモニター号に損害を与えることは無理だと気づき、狙いをミネソタ号に変えつつ同時にモニター号を避けようとした。機動性が低いヴァージニア号は座礁したが、まぐれ当たりの弾丸でモニター号のウォーデン大佐が一時的に戦列を離れた。操舵室が攻撃され目を負傷したのだ。そこでヴァージニア号は時間稼ぎができ、退避して南軍側へ戻った。

どちらの船も大きな損害は受けなかったが、戦いには北軍が戦略的に勝利し、ハンプトン・ローズの北岸を掌握し続けた。このときの戦艦がふたたび相まみえることはなかった。5月にはヨークタウンが北軍に攻略された。南軍は町を放棄し、ヴァージニア号を破壊した。昇進したブキャナンは、南軍でもっとも尊敬を集める海軍士官となり、強敵をものともせず果敢に戦いを挑んだ攻撃的指揮官としてその名が知れ渡った。ブキャナンは1870年にメリーランドで他界した。ジョン・ウォーデンは長い療養生活を送ったが、その間にリンカーン大統領が見舞いに訪れ議会の謝意を伝えている。ウォーデンは1862年7月に司令官に昇進した。

シェルブールの海戦

アメリカ南北戦争中、ある重要な海戦が、アメリカ近海ではなくイギリス海峡で起こった。それは巨大な艦船同士の戦いではなく、好奇心旺盛な見物人や観光客が見守るなかで行われた2隻の一騎打ちだった。

南軍のアラバマ号に乗船するラファエル・セムズ大佐。その特徴的なカイゼルひげのために「オールド・ビーズワックス(蜜蝋)」と呼ばれたセムズは、史上もっとも成功した通商破壊者のひとりとみなされてきた。南北戦争後は哲学の教授となり、その後新聞編集者になった。

南北戦争中、イギリスの造船業者は表向きは中立の立場だったが、南軍のために船を建造していた。1862年8月、リバプールにほど近いバーケンヘッドのキャメル・レアード造船所で、3本マストに補助蒸気エンジンつきの船が進水した。どうやらトルコ海軍用の船のようだった。その船は試験航行に向かい、アゾレス諸島に送り届けられたのち、新たな所有者である南軍に引き渡された。その司令官ラファエル・セムズ大佐は、ロンドンのアグリピン号で運ばれた銃砲や弾薬、石炭を受け取り、新造船を正式にアラバマ号として就役させた。その後セムズと乗員は北軍の商船を標的に出航した。南部は北部のような海軍力を保有しておらず、そのため通商破壊で交易を妨害することが北軍に圧力をかけるひとつの方法だったのだ。セムズはすでに以前の旗艦サンプター号で、17隻の北軍の商船を破壊するという大きな勝利をおさめていた。今度はアラバマ号で26隻の商船を拿捕したため、北軍の船主たちは船を守るために賢明にも船籍を外国に移し始めた。

大西洋で勝利したセムズは、南大西洋へ移動しインド洋に入った。1864年夏までにヨーロッパに戻り、6月11日にはフランスのシェルブールで船舶修理のための入港を要請していた。中立的立場のフランスにとって、これは厄介な問題だった。フランス海軍造船所の中将はセムズの船に入港許可を与えたものの、造船所の設備を使わせていいかはわからなかった。そのため中将は修理要請をパリに送った。この頃の陸上通信は、ヨーロッパに電信システムが登場したおかげで迅速だった。そのためオランダのフリシンゲンに停泊中の北軍のキアサージ号は、パリのアメリカ領事か

キアサージ号とアラバマ号の戦い——すぐそばにプレジャーボートの観光客が見える。

キアサージ号の甲板からのながめ。海戦につきものの熱や砲煙、規律のなかの大混乱が伝わってくる。

ら南軍アラバマ号の現在地にかんするメッセージを受け取ることができた。キアサージ号は南下し、シェルブール沖に到達した。港で包囲されたセムズは、そのまま留まれば拘束される危険があったため、修理が必要な状態の船で外洋に出て戦う決断をした。その後の結果を予想して、彼はすべての関係書類を陸に残していった。

2隻の船が戦うかもしれないとのニュースが広まった。現場海域には190トンのイギリスの蒸気ヨット、ディアハウンド号が控え、さらに奇妙なことに、1200人のパリ市民を乗せた周遊列車が海岸からその壮大な見世物を見物するために現地に向かっていると伝わった。アラバマ号は午前10時30分に姿を現し、まっすぐキアサージ号へ向かった。しかし、キアサージ号は出港したばかりで、45キロ砲2門で武装していた。さらに、かつてセムズの友人だったジョン・ウィンズロー指揮官は、自身の木造船の弱点部分を錨鎖で保護し、その細工を厚板で隠していた。アラバマ号の強

シェルブールの海戦を描いた当時の図には、開戦前に2隻の船が慎重に互いの周囲を複数回周回したことがはっきり描かれている。

アラバマ号の生存者を救助するディアハウンド号。北軍のなかには、これをアメリカ南北戦争中イギリスが南軍寄りだったことの証拠とみなす者もいた。

みであるスピードは、修理が必要な状態だったために薄れたが、それでも先制攻撃をしかけ敵の策具装置を狙った。両船ともに相手の船尾につこうとした。そうすればもっとも全体を見渡せる位置から攻撃することが可能だからだ。互いに円を描くように動く2隻を見物人が見守った。両船は0.4–0.8キロの距離を移動しながら、7つの完全な円を描いた。キアサージ号には訓練を積んだ乗組員という利点があり、砲撃も相手より正確だった。1時間後、キアサージ号からの砲撃がアラバマ号のエンジンに損傷を与え、セムズはこれで終わりだと悟った。可能な限り多くの乗員を救うためにセムズは降伏したが、使えるボートはわずか1隻だった。

こうした一部始終を見守ったのが、プライベートヨットのディアハウンド号の乗客だった。ヨットにはランカシャー炭鉱のオーナーのジョン・ランカスターとその妻、娘、息子がふたり、そして姪が乗っていた。午後12時30分には、南軍のアラバマ号は沈み始めていた。ディアハウンド号はすぐにそちらへ向かった。キアサージ号を通過すると、ウィンズロー大佐がこう叫んだ。「どうか頼む、彼らを救うために手を尽くしてくれ」。ディアハウンド号がまだ183メートル離れていたときにアラバマ号は沈没した。ディアハウンド号は救命ボートをおろし、船長と13人の士官も含め、

39人の救出に成功した。キアサージ号の2隻のボートは、他にも約70人の生存者を救助した。アラバマ号の被害は、ふたりが溺死、6人が戦死、そしてひとりがキアサージ号で殺された。キアサージ号は救助した生存者をシェルブールに運び、ディアハウンド号は最寄りのイギリスの港であるサウサンプトンを目指した。

セムズと乗員はランカスターの救助に感謝した。「みなさん」とランカスターは答えた。「わたしに特別に感謝する必要はありません。他にも助けを必要としている人がいたら、その人たちにも同じことをしたでしょう」。ディアハウンド号の介入を痛烈に批判する匿名の投稿者は多く、ウィンズロー大佐も激怒していた。ウィンズローは一貫して、ディアハウンド号はセムズと乗員を捕虜として引き渡すべきだったという見解だったのだ。アメリカ大使のもとには「イギリス政府に対し、セムズと部下の海賊の返還を求めよ」との指示が送られ、さらに、彼らをディアハウンド号でサウサンプトンへ移送することはアメリカに対する敵対行為であると宣言された。しかし、ランカスターは自身の信条を曲げず、イギリス政府もセムズらの引き渡しには応じなかった。フランスも、上陸した兵士に対し同じ態度で臨んだ。

ジョン・ウィンズロー准将。南北戦争が始まる頃には海軍を退役していたウィンズローは、敵のラファエル・セムズのことをよく知っていた――ふたりは下級士官として1846–48年の米墨戦争に従軍していたときに船室をともにしていたからだ。

セムズはイギリスで名士扱いされ、ヨーロッパを数か月かけて旅したのち、南軍に戻った。そこでは英雄として迎えられ少将に任命された。一方ジョン・ウィンズローは、捕虜を失ったことを批判されて反逆罪で訴えられたが、アラバマ号を撃沈したことで英雄になり准将に昇進した。ニューヨーク商工会議所は悪名高い通商破壊者を排除したことに感謝して、彼に2万5000ドルを贈った。

マニラ湾の海戦

アメリカ海軍は、マニラ湾で史上もっとも完璧な勝利をあげた。ひとりの犠牲者も出さず、1隻の損失も出さずに、太平洋のスペイン艦隊を壊滅させたのだ。19世紀最後の10年間、東南アジアの港を掌握しようと各国がしのぎを削っていた。ロシアは中国の旅順を占領していたが、イギリスはそれがおおいに不満だった。一方、フィリピンでは、地元住民がスペイン支配からの解放を目指していた。本国に目を向けると、スペインとアメリカにはキューバをめぐる緊張があり、キューバにはスペイン支配への反発があった。アメリカの世論は反スペイン色が非常に強かった。アメリカ海軍は、世界でも重要な海軍力として台頭しつつあり、メイン号はその最新の戦艦のひとつだった。1898年2月、メイン号は外交使節としてハバナへ向かい、暴動でアメリカの権益が侵された場合は支援するはずだったが、爆発が船を引き裂き、250人の士官と乗組員が死亡した。この出来事が大きな要因となり、マッキンリー大統領はスペインへの宣戦布告を決断した。

ジョージ・デューイ。アメリカでもっとも偉大な軍司令官のひとりで、アメリカ史上海軍大元帥の階級に到達したのはデューイのみである。マニラ湾の海戦後非常に人気が高まったので、大統領選出馬を検討したほどだった。

世界の注目は、東南アジアとスペイン支配下のフィリピンに移っていた。アメリカは、アジアの拠点の指揮官にふさわしい人物を必要としていた。

アメリカ海軍次官補のエネルギッシュなセオドア・ルーズヴェルトはそのポストの適任者を知っていたが、それはハウエル准将ではなかった。彼についてルーズヴェルトはつぎのように述べている。「高潔な人物で、創意工夫の能力にも富んでいるが、責任ある地位にこれほどふさわしくないと思える人物にはほとんど出会ったことがない。彼は優柔不断だ。そして責任というものを極度に恐れている」

ルーズヴェルトが適任と考えたのは、ジョージ・デューイ准将だ。デューイの海軍でのキャリアは長く、最近はワシントンに拠点を置き、海軍検査・調査委員会の委員長として5隻の軍艦の建造を監督していた。慎重に工作を重ねた結果、ルーズヴェルトの思惑どおり、デューイに最高指揮官の地位が与えられた。

スペインとの戦いのなかで、アメリカはかねてからフィリピンの攻撃を

アメリカ船メイン号の沈没。メイン号の沈没原因はいまだに不明である――弾薬庫からの発火と考えられている――が、アメリカの報道機関や政治家に交戦をそそのかすための口実として利用され、「メイン号を忘れるな！　くたばれスペイン！」がスローガンになった。

計画していたが、そのような遠隔地で実施される作戦には多くの事前準備が必要だった。マニラのアメリカ領事は有益な現地情報を提供していたが、スペイン政府に出国を命じられた。アメリカとスペインのあいだで開戦が宣言されたからだ。この情報は4月23日にデューイに伝えられた。デューイはすでに香港沖合におり、つぎのような公式命令を出した。「ただちにフィリピン諸島へ向かえ。スペイン艦隊に対する作戦を開始せよ。敵船は拿捕または破壊すべし。最大限の努力をせよ」

アジア艦隊は装甲巡洋艦のオリンピア号、ボストン号、ローリー号を保有していた。デューイはさらにサンフランシスコからコンコード号、ボルチモア号を追加し、そこに密輸監視艇マカロック号も加えた。石炭運搬船ナンシャン号とイギリスの補給船ザフィロ号も購入して艦隊に組み入れた。艦隊はマース湾(大鵬湾)に入り、そこで4月27日にオスカー・ウィリアムズ領事と合流した。こうして艦隊はマニラに向けて出航した。

フィリピンのスペイン艦隊の最高司令官はパトリシオ・モントーヨ少将だった。彼の艦隊は7隻の非装甲艦で構成され、最大の船も木造だった。しかもいずれも状態が悪く、長らく修理も保守管理もされていなかった。沿岸防衛も弱かったので、モントーヨ少将は敵をマニラ湾で迎え撃つ決断をした。5月1日、沿岸砲台を難なく通過したデューイの艦隊がマニラ湾でスペイン艦隊に遭遇した。武器不足を自覚しながら勝つ見込みがないとわかっている戦いに臨むにあたり、モントーヨが自軍を浅い湾内に配置したのは、部下たちの救助がより容易になるかもしれないと一縷の望みをかけていたためだ。

早朝、デューイの艦隊はマニラ湾に向かい、夜明け頃マニラで船団を発見した。沿岸砲台が砲撃を開始したが、デューイの艦隊にはまったく届かなかった。小型の魚雷艇も向かってきたが押し戻され、最終的に損傷して浜に乗りあげた。アメリカ船オリンピア号が先導する縦列がスペイン船に向かい、スペインの旗艦レイナ・クリスティーナ号をはじめとする船を攻撃した。午前7時35分、デューイは弾切れ間近と知らされたので、湾内へ戻るよう命じたのち、冷静に全乗組員に朝食をとらせた。弾丸がじつはまだまだ残っているとの報告を受けると、デューイはスペイン船への再攻撃を命じた。スペイン艦隊はほとんどが炎上し放棄されていたので、反撃

マニラ湾の海戦。一方的な戦いだったので、アメリカは成長中の大帝国の地位を確立し、とくに東南アジアでそれが顕著だった。

したのは唯一ドン・アントニオ・デ・ウジョーア号と沿岸砲台の一部だけだった。こうしてデューイの艦隊は攻撃を続けてスペイン艦隊を壊滅させ、自軍の被害は最小限に留めた。

イギリス商船の所有者である仲介者を通してマニラ総督と接触しながら、デューイは沿岸砲台が攻撃を中止することと引き換えに、町への砲撃を控えると提案した。しかし総督はアメリカが要望した電信システムの使用を許可しなかったため、デューイは交渉を打ち切った。その結果、デューイの報告書は香港経由で1週間がかりでワシントンへ送られた。その間デューイはマニラ湾を封鎖しつつ、マニラを制圧するための部隊を待たなければならなかった。

1898年6月、アメリカ軍がキューバに侵攻し、州都サンティアゴ・デ・クーバは降伏した。マニラは結局8月にアメリカの1万人の部隊によって無血占領された。その後の和平交渉のなかで、スペインはキューバの独立を認め、フィリピンをアメリカ合衆国に譲渡した。アメリカはスペイン艦隊に対する完勝を祝して、デューイを国民の英雄と評した。

ジョージ・デューイがデザインされたメダルは、マニラ湾の海戦に参戦したすべてのアメリカ人に贈られた。各メダルの裏面には、メダルを授けられた者が乗船していた船名が彫られている。

対馬沖海戦（日本海海戦）

1904年2月、中国本土の旅順の沖合に投錨していたロシア軍艦の一団が、日本の魚雷艇に奇襲攻撃を受けた。3時間後、日本は公式にロシアに対して宣戦布告し、奇襲攻撃に続いて港を封鎖、上陸部隊を送りこんだ。こうして残りのロシア船を港内に封じこめた。ロシアはすぐにでも援軍が必要だったが、地理的に厳しい制約を受けた。

ロジェストヴェンスキー提督。負傷により対馬沖海戦の大半は意識不明だったが、それでも艦隊敗北の責任を一身に引き受けた。軍法会議では責任を問われなかったが、健康も評判もすっかり回復することはないまま、1908年に心不全で亡くなった。

広大な国土を持つロシアは、海へのアクセスを手に入れようとつねに躍起だった。バルト海経由のルートはあったが、黒海からダーダネルス海峡経由で地中海へ出る動きは制限された。極東のロシアの港ウラジオストクには冬季は近づけないため、1898年に中国と賃貸契約を結び、北京から約400キロ東に位置する旅順に基地を確立した。一方、日本はロシアが鉱物採掘と木材伐採の権益を保有する朝鮮半島に侵攻した。

旅順攻撃に対し、ロシアはバルチック艦隊を派遣した。ロシアの艦隊は老朽化していたが、日本の脅威に対抗するために新たな艦船を建造中で、1904年9月までに4隻の戦艦が完成していた。指揮を執る56歳のロジェストヴェンスキー提督は、それまでは補佐的な経験しかなく、外洋での経験も数えるほどだった。10月14日、艦隊はバルト海から出航した。そこには新造船のひとつで1万3500トンの旗艦スヴォーロフ号の姿もあり、輸送船と病院船も含めると45隻の編成だった。艦隊はゆっくりと進み、喜望峰経由でウラジオストクへ向かう長い航路を利用して乗組員の訓練をする計画だった。その移動距離は約2万8968キロに達し、しかもその間ロシアに友好的な寄港地はなかった。厳しいルールも存在し、中立国が敵対国に提供できる支援は非常に限られていた。

艦隊はタンジールに寄港し、石炭補給を完了した。それから二手に分かれ、フェルケルザム少将が率いるグループはスエズ運河を通過した。ふたつのグループはマダガスカルでふたたび合流する予定だった。世界は喜望峰へ向かうロシア艦隊を見守った。フェルケルザムは、別グループより短いルートをとったため予定の合流地点に先に到着し、1905年1月中旬には残りの艦隊と合流した。ロジェストヴェンスキーの船は道中しばしば機械の故障に見舞われ、石炭の補給でも苦労していた。訓練の行き届いた乗

旗艦「三笠」の東郷大将。対馬沖海戦でロシア軍は、反復訓練を重ね専門知識も豊富な東郷の部隊に完全に機先を制され、圧倒された。

対馬沖海戦。中国と東アジアにおけるロシア帝国の野望がついえたのみならず、この海戦でロシアの軍事的、政治的弱点が明らかになり、1905年のサンクトペテルブルクの血の日曜日事件につながった。ロシア皇帝の威信は失墜し、ロシアに議会制が確立した。

員と充実した装備を備える日本海軍を相手にするつもりなら、フェルケルザムの船も修理が必要だった。旅順を完全に掌握し、港内のロシア船も破壊した日本海軍は、戦闘態勢を整えてロシア艦隊を待ち受けていた。

ロジェストヴェンスキーは、サンクトペテルブルクからネボガトフ少将率いる援軍が向かっていると知らされたが、それらの船は古く、近代戦には向かなかった。援軍どころかむしろ足手まといだとみなしたロジェストヴェンスキーは、その受け入れにまったく乗り気になれなかったので、マダガスカルを可能な限り早く離れ、インド洋を横断して4月にはマラッカ海峡を通過していた。石炭燃料の小艦隊はマダガスカルから延々と続く7242キロもの航路を進み、マラッカ海峡を通過して、現在のベトナムのカムランで停泊した。しかしロジェストヴェンスキーは、そこでネボガトフと年代物の艦隊を待てという厳しい指令を受けた。

2週間の遅れののち、ロシアの連合艦隊は上海沖に到達、最後の針路を検討した。そこからウラジオストクへ行くには選択肢がいくつかあった。もっとも単純なのは対馬海峡経由のルートだが、それはもっとも攻撃を受けやすいルートでもあった。日本軍との対戦は避けられないだろう。それでもところどころで霧が発生していたので、天候は自軍に有利と判断し、ロシア艦隊は縦陣で対馬島と日本本土のあいだの海峡を目指した。しかし、艦隊は日本の巡視艇に発見された。巡視艇は無線システムを使ってすぐさま東郷平八郎大将に情報を送った。それはこのような文面だった。「203地点に敵艦あり。東水道を目指している模様」

旗艦「三笠」に座乗した東郷大将には、6隻の軍艦と6隻の装甲巡洋艦があり、自身の裁量で動かすことができる巡洋艦と駆逐艦の分艦隊も持っていた。東郷は58歳で、7年間のイギリス滞在経験があるため流暢に英語を話した。そこでは士官候補生としての教育を受けた。東郷は艦隊を対馬海峡の中央に配置し、待機した。1905年5月27日午後1時45分、ロシア艦隊が現れ、両軍の司令官は各々の艦隊に信号旗を掲げた。

東郷は、接近するロシア船に対して重量のある自艦を垂直に動かし、敵の後衛を攻撃させるための船を送った。ロジェストヴェンスキーは8.2キロの距離から攻撃を開始したが、東郷は相手との距離が6キロに縮まるまで待ち、ふたつの分艦隊の旗艦を攻撃した。20分以内に、そのうちの1隻オスリャービャ号が大きく損傷し沈没し始めた。数分後、もう1隻の旗艦スヴォーロフ号も航行不能に陥った。日本の大砲と効果的な照準が、戦闘開始後わずか30分でロシアを圧倒していた。つぎの標的となったインペラートル・アレクサンドル3世号は転覆、沈没し、生存者はわずか4人だった。

東郷平八郎海軍大将。日本の近代海軍の偉大な司令官である東郷は、対馬沖海戦後に西欧の報道機関に「東洋のネルソン」とあだ名された。彼は異議を唱えようとはせず、日記に「わたしはホレーショ・ネルソンの生まれ変わりなのだと信じている」と記した。

午後5時、残りのロシア船は東側と南側からまだ攻撃を受けていた。ロジェストヴェンスキー提督も負傷したため、ネボガトフ少将に指揮権を譲渡し、ウラジオストクまで航行するよう命じた。ネボガトフは、もっとも近代的なボロジノ号とオリョール号も含めた数隻の艦艇で北へ向かおうとした。それを東郷が追跡し、ボロジノ号は攻撃され爆破された。ばらばらになったロシア艦隊は闇に消え、東郷は魚雷艇に作戦行動開始を命じた。戦闘はいまや241キロの範囲に拡大したが、午前中に残りのロシア艦隊は日本軍に包囲されていた。ネボガトフは降伏し、最終的にウラジオストクに到着したロジェストヴェンスキーの船は2隻の駆逐艦と1隻の軽巡洋艦だけだった。

日本側は約600人を失い、装甲巡洋艦1隻と軽巡洋艦2隻、駆逐艦6隻が修理が必要な損害を被った。一方、総崩れとなったロシア艦隊は、約6000人が戦死した。ロジェストヴェンスキーは日本軍の捕虜になったが、入院中に東郷の丁寧な見舞いを受けている。

タイムズ紙は「日本が海上の敵対国よりも確実に優位に立ったことは疑いの余地がない」と報じ、費用がかかったうえに大惨事を引き起こしたロシアの無謀な作戦についてこう指摘した。「日本海海戦から得られる教訓

ロシアの戦艦オスリャービャ号。対馬沖で最初に沈没した。オスリャービャ号は交戦で沈没した初めての総鉄製の軍艦でもあった。

は、安定性に優れた大型船を保有する必要があること、乗組員はあらゆる天候に対応できるように長期の射撃訓練を受けなければならないこと、そして射撃の名手は名指揮官と同じように貴重だということだ」

3週間後、ルーズヴェルト大統領が仲介して2か国間の平和条約締結が実現したが、それは旅順と満州からのロシア撤退を求めていた。ロシアでは、惨事に終わった壊滅的な海軍遠征が1905年の第1次ロシア革命を誘発した。国際的には、東郷大将は偉大な英雄として尊敬を集め、1906年にエドワード7世に大英帝国四等勲士を授けられた。東郷は自らをネルソン提督と比較している。

フォークランド沖海戦

1914年11月、マクシミリアン・フォン・シュペー中将率いるドイツ東洋艦隊が西太平洋からチリ沿岸を目指していた。艦隊は2隻の大型装甲巡洋艦シャルンホルスト号とグナイゼナウ号に加えて、軽巡洋艦ライプツィヒ号、2隻の高速偵察巡洋艦ニュルンベルク号とドレスデン号で構成されていた。チリのコロネル港沖で、シュペーらはサー・クリストファー・クラドック少将率いるイギリス艦隊に遭遇した。クラドックは2隻の大型装甲巡洋艦グッド・ホープ号とモンマス号、軽巡洋艦グラスゴー号、遠洋定期船を改造した補助艦オトラント号を従えていた。ドイツ軍は重装備と訓練された砲員にものを言わせて、イギリスの大型巡洋艦2隻を乗員もろとも撃沈した。残り2隻のイギリス艦はなんとか逃走に成功した。

海軍におおいに期待していたイギリスにとって、この敗戦は衝撃だった。48時間前に第一海軍卿に任命されたばかりだったサー・ジョン・フィッシャー提督は、敗戦の知らせに素早く反応した。彼は2隻の巡洋戦艦インヴィンシブル号とインフレキシブル号を南大西洋へ送り、指揮をダヴトン・スターディー中将に任せた。スターディーはそれから3隻の装甲巡洋艦カーナヴォン号、コーンウォール号、ケント号、さらに2隻の軽巡洋艦ブリストル号、グラスゴー号を擁するストダート少将の艦隊と合流した。ルース

フォン・シュペー提督。フォークランド沖海戦でドイツ軍を指揮したが、ふたりの息子とともに戦死した。

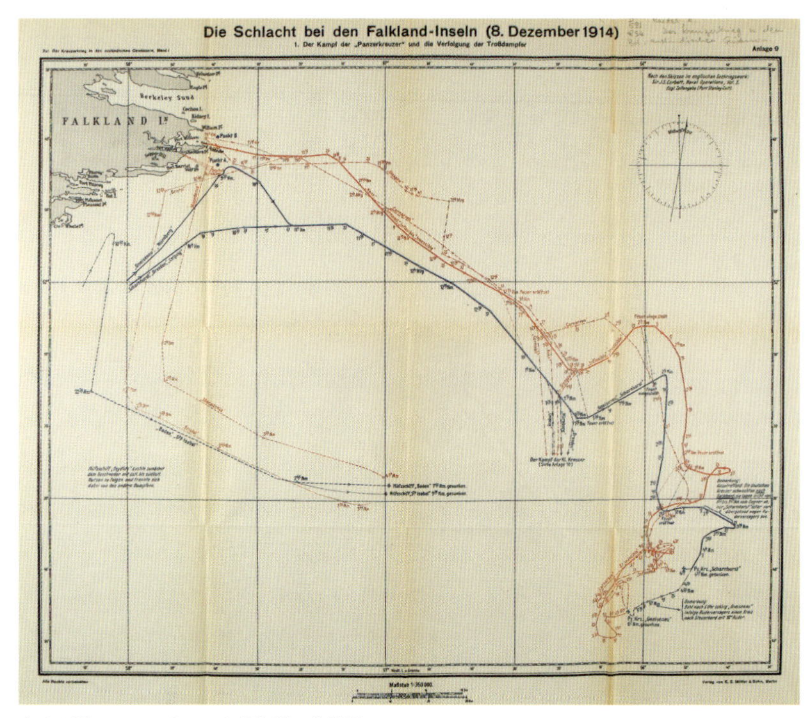

ドイツ軍のフォークランド沖海戦の作戦図

大佐が指揮するグラスゴー号は、コロネル沖海戦から無事に帰還していた。ブラジル沿岸沖で合流したふたつの船団は、南のフォークランド諸島を目指して移動した。当初は燃料温存に努めていたが、スピードを重視するルースに急かされた。12月7日、艦隊はポート・スタンリーに到着した。

一方、ドイツ軍は11月中はチリに留まっていた。イギリス海軍がもたらすリスクは百も承知だった。それほどの危険を冒しても、南大西洋に集中したイギリスの交易にさらなる損害を与える機会を失うのは惜しいと考えたのだ。11月26日、悪天候のなか出航したドイツ軍は、12月1日にホーン岬を通過した。翌日、石炭を積んだイギリス商船を拿捕し、船に燃料を補給する機会を手に入れたが、それには数日かかった。その間、シュペーをはじめ部下や士官たちは陸上でゆったり過ごしていた。12月5日、シュペーは会議を招集して作戦について議論した。フォークランド諸島を目指し、そこの無線基地を破壊して、島の石炭供給施設で帰国用の燃料を得るという作戦だった。

12月8日の朝、イギリスの年季の入った軍艦カノーパス号がポート・スタンリー港外に停泊していた。その軽砲のいくつかは船からおろされ、監視所のある沿岸砲台に配置されていた。2隻の巡洋戦艦インヴィンシブル号とインフレキシブル号は港内で石炭補給を受けていた。シュペーはグナイゼナウ号とニュルンベルク号を偵察のために先行させたが、乗組員はわずか3隻の巡洋艦と1隻の軽巡洋艦しか目にしなかった。そこでさらに港に近づくと、午前7時50分に監視所が彼らを発見した。接近するドイツ船にカノーパス号は2門の300ミリ砲で攻撃を開始、グナイゼナウ号は方向転換し、南東方向へ舵を取った。シュペーと再合流した乗員は、港で三脚マストを目撃したと報告した。それは軍艦を意味していた。シュペーは見間違いを疑ったが、艦隊に全速力で南東を目指すよう指示した。一方、イギリス側は出航準備を猛烈な勢いで整え、インヴィンシブル号とインフレキシブル号が港を出た。

その日は快晴で青空が広がり、海面は穏やかで視界も良好だった。ドイツの戦艦が猛スピードで遠ざかっていたので、スターディーは「全艦追撃」

フォークランド沖海戦。チリのコロネル沖海戦でイギリス海軍が被った損失への報復攻撃として始まったこの海戦は、第1次世界大戦初期のイギリスの制海権を確実なものとした。

の信号旗を出した。イギリス軍が接近してくると、シュペーは艦隊に分散するように合図し、ドレスデン号、ニュルンベルク号、ライプツィヒ号は互いに距離を取った。スターディーは、グラスゴー号、ケント号、コーンウォール号に追跡を任せ、自身は2隻の重量級のドイツ艦とともに残った。インヴィンシブル号はグナイゼナウ号を、インフレキシブル号はシャルンホルスト号を標的に攻撃を開始した。

スターディーの艦隊のほうが強力で射程距離も長い銃砲を持ち、船の速度も速かった。一方、シュペーの旗艦シャルンホルスト号はドイツ海軍の砲術部門では最高峰だった。イギリス船は午後1時をちょうど回ったところで攻撃を開始した。戦闘は数時間続き、あたりはたびたび厚い砲煙に覆われた。3時間後、圧巻の砲術にもかかわらず、シャルンホルスト号は乗組員ごと沈没し、最後まで抵抗したグナイゼナウ号もその約1時間後に沈没した。当時の報道記事にはこう書かれている。

> ドイツ人は最後まで彼ららしく勇敢に戦い抜いたが、シャルンホルス

沈没するシャルンホルスト号。これはイギリス海軍にとって大手柄だった。シャルンホルスト号と姉妹艦のグナイゼナウ号は商船にとっても軍艦にとっても大きな脅威だったのだ。2019年末、海底でシャルンホルスト号の船体が発見された。

> ト号はメインヤードに提督の旗をはためかせながら船尾から沈没した。その少しあとにグナイゼナウ号も海面下に沈んだ。チリの戦闘に参加したグラスゴー号は、気迫のこもった戦いののち、ライプツィヒ号を撃沈した。その結果、ニュルンベルク号も攻撃を受け海底送りになった。ドレスデン号は難を逃れ、いまだ逃走中である。

ドイツ側の死傷者は非常に多く、シャルンホルスト号の乗員は全員戦死した。合計で1871人が死亡、215人が救助されたが、凍てつく水によるショックでその後亡くなる者もいた。それに対してイギリス側の死傷者は6人が戦死、数人が負傷と、比較的少なかった。好天の穏やかな海で、ドイツ軍は敵に「数で圧倒され、銃砲の数でも劣り、スピードでも負けた」のだ。商船への深刻な脅威を消し去ったこの勝利は非常に重要だった。コロネル沖海戦の敗北への意趣返しも果たした。イギリス海軍省は高速性と銃砲の威力をあわせ持つ巡洋戦艦を追加発注した。

ユトランド沖海戦

1916年、イギリスのジェリコー提督は、ドイツの戦闘艦隊の現在位置をほとんど把握していなかった。彼が指揮する海軍は最新技術を駆使した強力な軍だったが、Uボートをはじめ他にもさまざまな武器が存在し、それをドイツが配備する可能性も承知していた。ジェリコーの艦隊はオークニー諸島のスカパ・フローという入り江を拠点にしており、係留地を離れて数回敵艦捜索に出たにもかかわらず、1914–1915年まで遭遇することはなかった。なぜならドイツ艦隊が基地を出ることはまれで、艦隊総出の作戦行動を避け、個々の艦艇や小規模な船団を攻撃することで消耗戦を維持しようとしていたためだ。

爆発するクイーン・メリー号。同船はイギリス海軍が第1次世界大戦前に建造した最後の巡洋戦艦で、1913年秋に就役した。

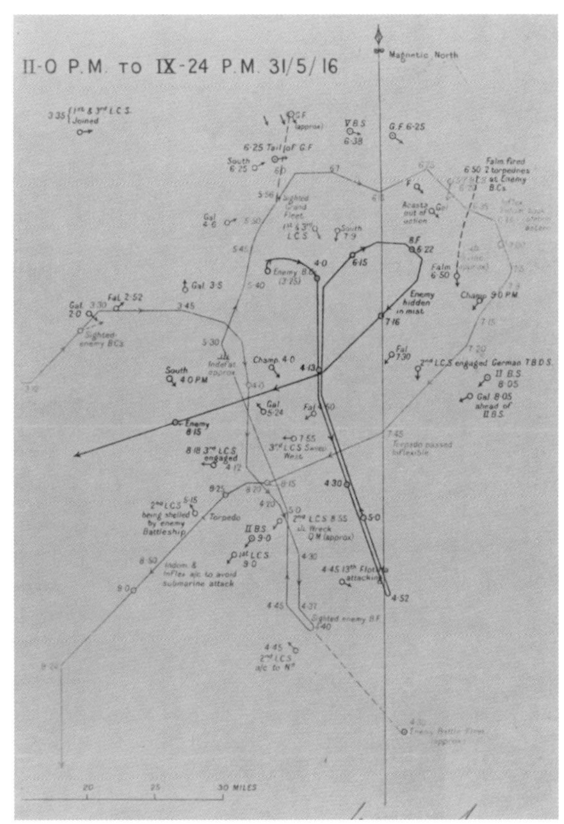

［右］ユトランド沖海戦の戦略図。アメリカ海軍士官にして軍事史研究家、D・W・ノックス大佐による。
［下］ジョン・ジェリコー提督。ユトランド沖海戦で決定的な勝利をおさめられなかったことを批判されたジェリコーは、「名前だけの地位」に昇進し、第1海軍卿に就任した。

1916年、シェア中将がドイツ大洋艦隊司令官に任命された。初期の目覚ましい戦果は、4月の巡洋戦艦によるローストフトとグレート・ヤーマスへの砲撃だった。この予想外のイギリス本土への攻撃により、イギリス海軍は行動を起こさざるを得ないほどの政治的プレッシャーにさらされた。

5月30日、ドイツ大洋艦隊が出航準備をしているとの情報が入った。その夜、スカパ・フローからジェリコーが船団を率いて出航し、ロサイスからは旗艦ライオン号のビーティ中将率いる50隻の巡洋戦艦艦隊が出航した。

午後2時40分、ビーティはヒッパー少将が指揮するドイツ偵察部隊に遭遇し、午後4時頃、両軍は攻撃を開始した。しかしエヴァン゠トマスの船団がビーティ支援に到着する前に、ドイツの巡洋戦艦フォン・デア・タン号がインディファティガブル号を攻撃。これが不適切に詰めこまれた弾

[上]デイヴィッド・ビーティ中将。ジェリコーよりも攻撃的なアプローチを好むビーティは、のちの戦闘でより慎重な上官のあとを継いでグランド・フリート総司令官に就任し、その地位で1918年にドイツ艦隊のスカパ・フローの抑留を監督した。
[右]ユトランド沖海戦は、決定的な結果は出ず、両軍ともに勝利を宣言した。現在に至っても統一見解は出ていないが、イギリス側もドイツ側もそれぞれ戦略的目的はある程度達成したという見方が一般的だ。

薬庫の大爆発を誘発し、インディファティガブル号は撃沈された。900人の乗組員のうち、救助されたのはわずかふたりだった。その半時間後、今度は屈強な巡洋戦艦クイーン・メリー号に惨事が起きた。主要弾薬庫のひとつが爆発し、その後沈没したのだ。1200人の乗組員のうち、救助されたのは20人だった。一方、シェア提督は大洋艦隊を率いて北上し、ヒッ

パーの支援に向かっていた。ビーティの使命は彼らを北に引きつけ、イギリスの主要艦隊の針路へ誘いこむことだった。ジェリコーの艦隊は最高速度の20ノットで、4隻ずつ6本の縦列を組んで進んでいた。彼はフッド少将をよりスピードの出る3隻の巡洋戦艦で先行させ、ビーティの支援に入らせた。

戦場の大半が厚い砲煙に覆われていると見るや、ジェリコーは24隻の軍艦を1列に配置した。これで、大型戦艦が仕事ができるように、小規模な艦隊はその場から立ち退く必要が生じた。厚い砲煙のために、照準を正確に合わせるのは至難の業だった。イギリスのディフェンス号は繰り返し砲撃を受けて爆発し、総員死亡となった。イギリス艦4番目の犠牲はフッドの旗艦インヴィンシブル号で、乗員1000人のうち生存者わずか6人を残して爆発した。そこでシェア中将は緊急退避を命じ、非常に効果的な操作術を見せて、ドイツ艦隊は楽々と戦場を去った。しかし半時間後、シェアはふたたびイギリスの戦列に突っこみ、魚雷艇に出撃を命じた。ジェリコーは艦隊を退避させ、魚雷の危機は回避したが、シェア中将には逃走を許した。

ビーティにはドイツ海軍に挑むチャンスがもう1度あった。そこでドイツのポンメルン号がイギリス船オンスロート号からの魚雷で爆破されたが、昼までに、船の残骸と死体以外に見るべきものはほとんどなくなった。ドイツ海軍は勝利を宣言した。イギリスは巡洋戦艦3隻、装甲巡洋艦3隻、駆逐艦9隻を失ったのに対し、ドイツ軍の損失は古びた戦艦1隻と巡洋戦艦1隻、軽巡洋艦4隻、駆逐艦5隻だったからだ。しかしドイツ軍は、自分たちが非常に運がよかったことも理解していた。残ったイギリス艦隊はすぐに現役に復帰し、ジェリコーは海軍省に24隻のドレッドノート型軍艦がすぐにでも出航可能と報告している。それに比べてドイツ軍の損害ははるかに大きかった。シェアは10隻の軍艦しかかき集めることができず、そのためドイツは潜水艦戦争に重点を置いた。

総合的に結果を見ると、イギリスが期待した決定的勝利とは大きくかけ離れていたが、長期的に見るとドイツの大洋艦隊を抑止することはできた。しかし、期待された大勝利ではなかったために非難の応酬もあった。慎重なジェリコーは、より颯爽として写真写りもよいビーティと比較されると不利だった。1916年6月4日、ジェリコーはジャーナリストにして海軍評論家のアーサー・ポレンにこう書き送っている。

> われわれはなんと不運だったことか！　単純に、視認性の低さだけが問題だったのだ。作戦を開始したときには8–10キロ弱しか見えず、

もっとも混乱する状況だった。銃の閃光が四方八方に見え、砲弾の爆発と落下が、吹き飛ばされる船が、そして非常にまれに敵がちらりと見える。敵の艦隊は、われわれが攻撃するたびに逃走し、霧にまぎれて姿を消した。

短時間ではあったが、われわれは敵を激しく攻撃した。アイアン・デューク号がこれほど活躍するのはかつて見たことがなかった。戦いの火ぶたを切る砲撃は短かった。射程を700メートルに延長。これは通過。360メートルの短距離に修正。立て続けに3回の攻撃でケーニヒ級戦艦に命中。その後戦艦は霧に隠れた。われわれはまた別の艦船と、のちに軽巡洋艦を攻撃、魚雷艇2隻で反撃した。敵の損失を把握することはもっとも難しいが、間違いなく大きかった。

われわれの巡洋戦艦は、とんでもない弱点をさらけだした。ドイツと比較して防御力が弱かったのだ。その点でわれわれの艦艇がいかに劣っているか、国民は知るべきだ。できれば、あなたが伝えてくれてもいい！　もちろんすべて世間の知るところとなるが、国民は銃しか見ない。戦艦の装甲は決して見ないのだ。われわれの船の正義のために、その点を明らかにすべきだと考える。

ユトランドの敗北からは多くの教訓が得られたが、第1次世界大戦でふたたび大きな衝突が起こることはなかった。フォークランド沖海戦後に最高点を極めた巡洋戦艦の名声を、ユトランド沖海戦は貶めた。イギリス海軍の戦艦は酷使され、海軍省への信頼はどん底に落ちた。一方で大西洋を渡る重要な補給線は、いまやドイツ潜水艦の格好の的になっていた。

ラプラタ沖海戦

著名な海軍史研究家エリック・グローヴ教授は、つぎのように書いている。「1939年にイギリス海軍が勝利したのは、優れた兵器を使用したからではなく、戦術と強気な決断のおかげだった。この事実は、以前の確実な物質至上主義から時代が変わったことを示した」

ヘンリー・ハーウッド准将。ラプラタ沖海戦で成功したハーウッドはナイト爵位を授けられ、少将に昇進した。ドイツ軍はラプラタ川付近で作戦を実行するという、彼の「予感」めいたひらめきのおかげで、イギリスは第2次世界大戦で初の大きな勝利をおさめた。

ドイツ海軍は、1919年のヴェルサイユ条約によって軍艦の最大サイズを1万トンに制限されていた。それに則り1930年代に建造された3隻の軍艦は、「ポケット戦艦」と呼ばれるようになった。それらは長距離移動に適した通商破壊艦として設計され、280ミリ砲を6門装備していた。装甲による防御力は比較的低く、大きな交戦を避けるためにスピードに頼っていた。

このうち2隻は大西洋に配置された。ドイチュラント号は北大西洋へ、アドミラル・グラフ・シュペー号は南大西洋へ送られた。ドイツ海軍総司令官エーリヒ・レーダー提督は、戦艦とは交戦せず個々の商船に集中し、警護に隙のない護送船団は避けるべきと指揮官らに伝えた。

北大西洋の護送船団は、ドイチュラント号にとって襲撃のチャンスがほとんどなかったが、南大西洋ではほぼすべての船が護送船団には属さず航行していた。グラフ・シュペー号の艦長ハンス・ラングスドルフは通商破壊に通じており、10月末までに喜望峰近海で5隻の商船を撃沈または拿捕したことで連合国の交易に混乱をもたらしていた。

正体不明のドイツ船がイギリス船を襲撃し始めたとき、連合国は7つのグループを形成してそれを追いつめようとした。このグループのひとつ、フォースGの司令官を務めるヘンリー・ハーウッド准将は、イギリス海軍の南米分艦隊の指揮官で、南米の南東沿岸に配備された4隻の巡洋艦を配下に持っていた。通商破壊船の追跡は、茫漠たる海原ではほぼ不可能な任務だ。しかし、運が味方した。

11月末、グラフ・シュペー号のエンジンに本格的な点検が必要となり、いずれドイツへ戻らなければならないと察したラングスドルフは、イギリス海軍相手に大きな勝利をおさめて名を残したいと考えた。12月2日、彼は貨物船ドリク・スター号に横付けして沈没させ、翌日にはテイラー号を撃沈した。12月6日、ラングスドルフは補助艦アルトマルク号から燃料を補給し、士官や無線技士を除く大半の捕虜をその船へ移送した。ラングス

ラプラタ沖海戦。1938年12月13日に勃発したこの戦いは、第2次世界大戦初の海戦だった。

ラプラタ沖海戦ではためいていたアキリーズ号の軍艦旗

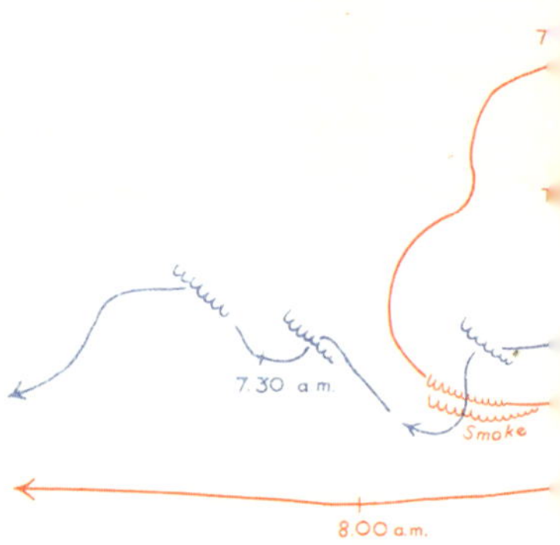

ドルフは、拿捕した船を沈める前に乗組員を捕虜にする傾向があった。

12月7日、グラフ・シュペー号の最後の犠牲となるストレオンシャル号がラングスドルフの船に遭遇した。いつものように乗組員を捕虜にして船を沈める前に、グラフ・シュペー号の乗員は、ラプラタ川の河口が商船を狙うにはもってこいの場所だという機密情報を手に入れた。

ラングスドルフはモンテヴィデオを12月10

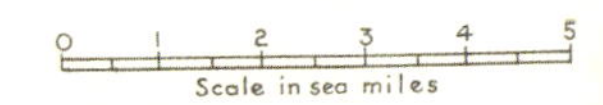

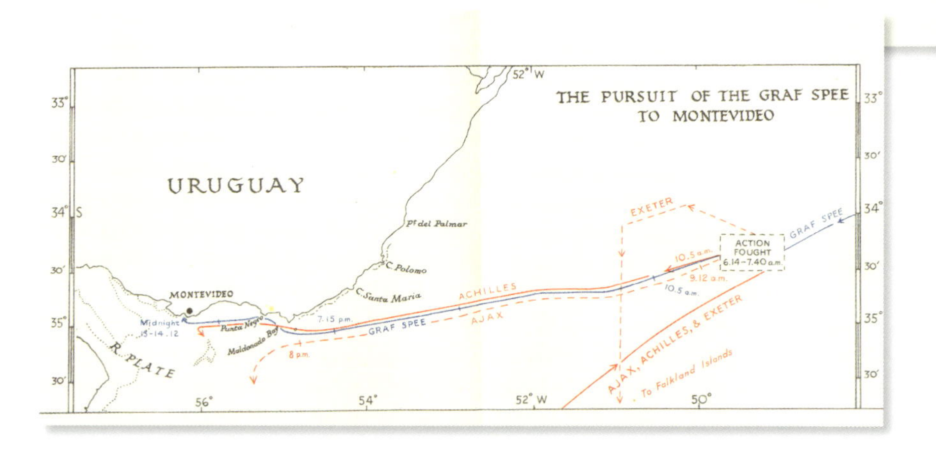

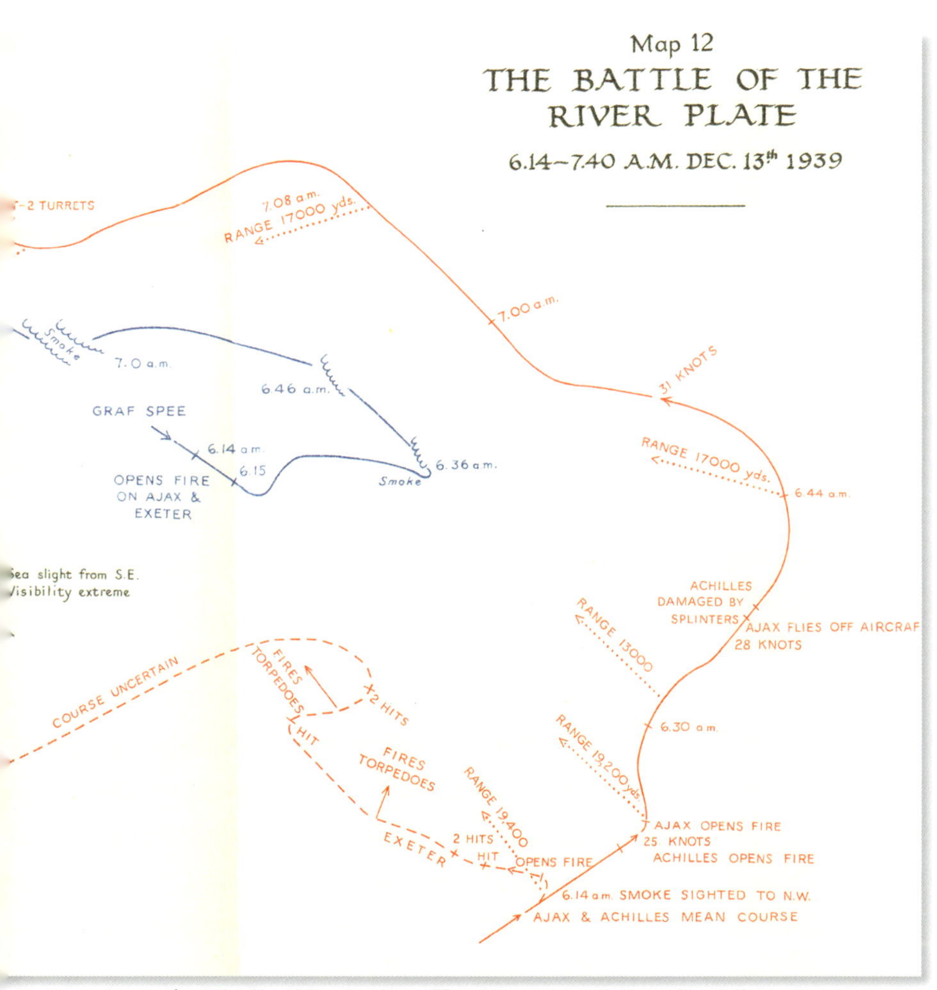

ラプラタ沖海戦の地図。右上部の時間に注目すると、海戦が90分弱で決着したことがわかる。

日に出港予定だったので、小規模な護送船団という表現にとくに惹かれた。小規模な船団なら海軍の護衛船も非常に少ない可能性があると推測したラングスドルフは、これは大きな手柄になると考えた。一方、ラングスドルフはラプラタ川周辺に惹きつけられるだろうと考えたハーウッドも、ラプラタ川を目指すことを決めた。そのように推測したのは幸運だった。ラングスドルフの犠牲になったドリク・スター号とテイラー号からの打電によって、ドイツ船の現在地はアフリカ沿岸沖だと判明していたからだ。

当時のハーウッドは知らなかったのだが、もうひとつの幸運が重なっていた。水上偵察機アラドにエンジントラブルがあったため、グラフ・シュペー号は航空偵察支援をまったく受けていなかったのだ。

12月13日、グラフ・シュペー号の乗組員は3隻の小型戦艦を発見した。敵の戦艦とは交戦しないという指示を航海士に指摘されたにもかかわらず、ラングスドルフは理想的な標的とみなし、午前6時、敵船を目指して南西へ向かった。

ラングスドルフが発見したのは、ヘンリー・ハーウッドが座乗する軽巡洋艦エイジャックス号だった。8門の150ミリ砲で武装し、姉妹船アキリーズ号と、200ミリ砲6門を備えた重量8000トンの重巡洋艦エクセター号も

[左]沈没するアドミラル・グラフ・シュペー号。ハンス・ラングスドルフ指揮官は、戦艦を敵に渡すまいとして自沈を選んだ。
[上]ハンス・ラングスドルフが自殺に使った拳銃。囚われの身でどのように拳銃を手に入れたのかは不明である。

従えている。これはドイツ軍が予想したような簡単な獲物ではなかった。

さらに、それらの艦艇はすりきれたエンジンでスピードに限界があるグラフ・シュペー号より高速だった。そのときエクセター号のベル大佐がハーウッドの作戦を実行した。ハーウッドはポケット戦艦との意図的な遭遇について慎重に考え抜き、ふたつの分艦隊で異なる方向から攻撃すると決めていた。そのためエクセター号は西へ向かい、ハーウッドは北東へ進み続けた。より大きな脅威だったエクセター号は正確なドイツの攻撃を引きつけ、すぐに被弾した。ひとつの砲弾は船体を貫通し、もうひとつはブリッジに命中して「艦長と他2名」以外全員戦死した。

ハーウッドの作戦は計画通り進んでいたが、エクセター号もまだ攻撃が可能だった。ドイツ軍は今度は別方向から攻撃してくるエイジャックス号とアキリーズ号に対応しなければならなかった。そこでエクセター号がなんとか魚雷を発射した。ラングスドルフと士官たちは魚雷がもたらす深刻な脅威をいやというほど知っていたので、針路を変えて北西を目指した。交戦開始からわずか30分のことだった。

激戦のなかで、グラフ・シュペー号の36人の乗員が戦死し、エクセター号では61人の水夫が戦死した。エイジャックス号とアキリーズ号の被害は少なめで、エイジャックス号で7人、アキリーズ号で4人の戦死者が出た。しかしグラフ・シュペー号は甚大な被害を受けており、いまや航行不能に陥っていた。午前7時40分、ラングスドルフは修理のためにウルグアイのラプラタ川河口の北側に位置するモンテヴィデオを目指す決断をした。12月14日早朝、グラフ・シュペー号はモンテヴィデオに投錨した。しかしハーグ条約により、交戦中の戦艦は中立港に24時間しか留まることができなかったうえに、ウルグアイは連合国側だった。

イギリスの外交官はラングスドルフを出港させるか、少なくとも拘留しようとしたが、彼は72時間後の12月17日まで粘り続けた。その間にイギリス軍は、大規模なイギリス艦隊が編成されたとの偽情報を流し、その情報をドイツ側も把握した。実際の構成は、エイジャックス号、アキリーズ号、そしてカンバーランド号だけだったのだが。

はるかに強い敵を相手にしていると信じこんだラングスドルフは、12月17日の夜更けに出航した。すると、数千人の目の前で、船が突如として壮大に爆発した。撤退の望みなしと考えたラングスドルフが、グラフ・シュペー号を敵の手に渡すくらいならと、自らの手で撃沈させたのだ。ラングスドルフと乗員は捕らえられ、ブエノスアイレスへ連行された。12月19日、ラングスドルフは拘束されている部屋の床にグラフ・シュペー号の軍艦旗を広げ、その上に横たわり、拳銃自殺を遂げた。

グラフ・シュペー号の破壊の知らせに、イギリスは予想どおり歓喜に包まれたが、ヒトラーをはじめドイツ最高司令部はその喪失と乗組員が捕虜になったことに激怒した。レーダー提督は後日こう述べている。「ドイツの戦艦と乗組員は、砲弾が尽きるまで全力で戦うべきである」

タラント空襲

港湾への先制攻撃は、長らく海戦の一部だった。1904年の日本の旅順攻撃では、魚雷艇の威力が明らかになった。第1次世界大戦中、港や海軍基地の防御は網や機雷、大砲でますます強化された。しかし、20世紀に空軍力が登場すると、海軍は新たな次元の作戦を実行できるようになった。第1次世界大戦が終わる頃には、イギリスはすでに魚雷を投下する戦闘機を使って基地内の艦隊を攻撃する方法を編みだしていた。1918年9月に就役したイギリス海軍のアーガス号は、世界初の上部が平らな航空母艦だった。飛行試験は10月に始まったが、このシステムの試験がすっかり完了する前に戦争が終結した。つぎの戦争までのあいだに、航空機と魚雷の開発が進んだのである。

「ABC」のあだ名で知られるサー・アンドルー・ブラウン・カニンガム提督

第2次世界大戦中に地中海艦隊の指揮官を務めたサー・アンドルー・カニンガム提督は、敵に戦いを挑む際にこの新たな戦術を利用した。イギリスの空母イーグル号は、海軍航空隊813部隊と824部隊を搭載した。フェアリー・ソードフィッシュという雷撃機を運用する部隊だ。1940年7月、彼らはイタリアの駆逐艦4隻を撃沈し、5分の1に損害を与えた。さらに潜水艦と商船2隻も沈め、アレクサンドリアへの攻撃を防いだ。9月初旬、カニンガムの艦隊は新型の大型空母イラストリアス号で増強された。イラストリアス号には、やはりフェアリー・ソードフィッシュを運用する815

1954年の退役直前に撮影されたイギリス海軍空母イラストリアス号。1940年11月11–12日にかけてのタラント空襲では、この戦艦の甲板から史上初のすべて航空機による海軍攻撃が始まった。

部隊と819部隊が搭載された。イラストリアス号に座乗したリスター少将は、魚雷を装備した航空機の熱烈な支持者だった。彼は以前、1938年のミュンヘン危機の折にイタリア海軍のタラント基地を攻撃する計画を立てていた。1940年のいま、それと同じ作戦がカニンガムに提示され、カニンガムは諸手を挙げて賛同した。

イラストリアス号の船上火災で事態に遅れが生じる一方で、ドイツ軍がギリシアに侵攻したため、イタリア艦隊壊滅の必要性が本格化した。空母の修理が完了すると、最初の月夜にあわせて作戦が立てられた。イーグル号には若干の損傷があったため、航空部隊の5人が航空機ともどもイラストリアス号に移動した。計画の一環として、ジブラルタルに拠点を置く空母アーク・ロイヤル号による陽動作戦もあり、サルデーニャ島のカリアリ爆撃も含まれた。

1940年11月6日にアレクサンドリアから出航したイラストリアス号をはじめとする地中海艦隊は、マルタ島を発着する護送船団を護衛した。一方、イギリス空軍からはタラントの空中偵察の情報がもたらされた。11月11日、日が暮れ始めた頃、イラストリアス号と4隻の駆逐艦が艦隊から離れ、タラントの南274キロの地点を目指した。

ソードフィッシュの2波がつぎつぎと飛びたった。第1波は12機、第2波は9機だった。815部隊の指揮官ウィリアムソン中佐を先頭に、6機がイタリア艦に3発命中させた。コンテ・ディ・カヴール号に1発、リットリオ号に2発だ。ウィリアムソンと機上観測員スカーレットは被弾し、捕虜となった。残りのソードフィッシュは石油備蓄基地に爆弾を投下し、港内の船を急降下爆撃した。第2波では、8機のソードフィッシュが標的に到達し、ラトーヤ号とカイオ・ドゥイリオ号、重巡洋艦ゴリツィア号にさらに命中させた。1機のソードフィッシュが撃墜され、乗組員が戦死した。

フェアリー・ソードフィッシュ。パイロットに「網袋」とあだ名され、第2次世界大戦開始までにはすっかり時代遅れになったこの雷撃複葉機は、交戦では非常に重要な存在だった。タラント空襲以外に1941年のビスマルク号撃沈でもフェアリー・ソードフィッシュが重要な役割を果たした。

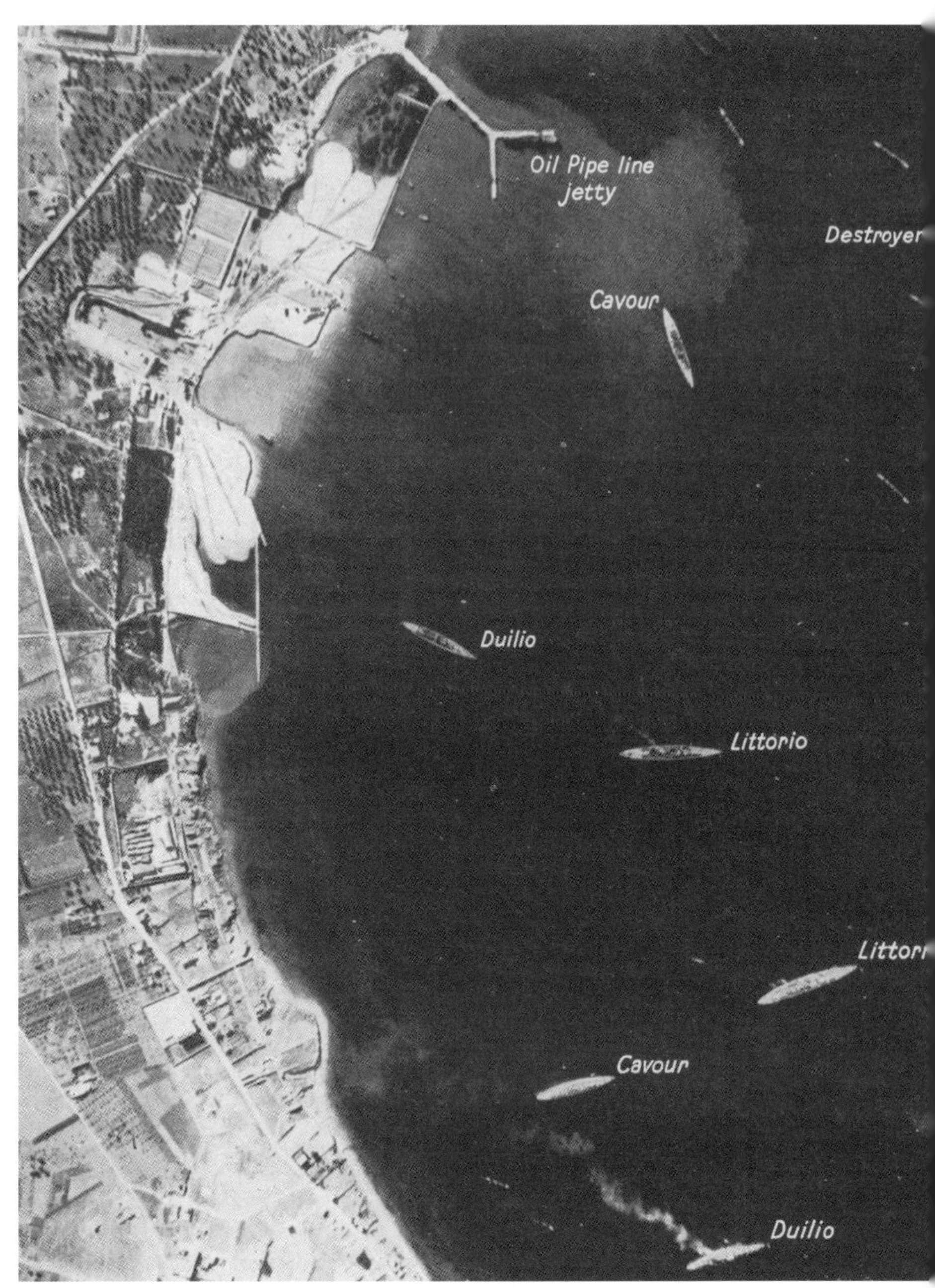

タラントはまさに空中戦だった。イタリアの戦艦が上空から攻撃されただけではなく、敵艦の位置の把握にも空中偵察が非常に重要であることがわかったのだ。

午前1–3時のあいだに、18機のソードフィッシュがイラストリアス号に帰艦し、そのうち2機は軽微な損傷を負っていた。イタリアの戦艦とタラント外錨地に大きな損害を与えたことはわかっていたが、詳細が判明するまで待たなければならなかった。11月12日夜間の攻撃も準備されたが、雲が低く雨模様だったため作戦は中止され、艦隊はアレクサンドリアに戻った。

その午後、イタリアのヴィットリオ・ヴェネト号とアンドレア・ドーリア号、ジュリオ・チェーザレ号が、重巡洋艦と駆逐艦の一団とともにナポリを目指した。これでイタリア艦隊は、連合軍が地中海中部と東部で展開する動きに即応することができなくなった。ソードフィッシュ乗組員の成功は、イラストリアス号がドイツ空軍の標的になったことを意味した。1941年1月、イラストリアス号は戦闘能力を奪われ、ソードフィッシュはギリシア北部の辺鄙な谷からの運用を余儀なくされた。しかし、タラントに停泊中のイタリア艦隊への空挺攻撃は最小限の力が「作戦の重大な地点に、重要な瞬間に使われた」好例とみなされている。

News Chronicle

No. 29,494　ONE PENNY　THURSDAY, NOVEMBER 14, 1940　RADIO, PAGE 2

WE CAN RING THE BELLS THIS MORNING FOR THE FIRST TIME FOR WEEKS

Our Bombers Cripple The Fleet That Would Not Come Out

and Navy Wrecks Italian Convoy

Most Daring Air Action at Sea

By the Air Correspondent

THIS is the most daring and successful air action against naval ships ever carried out.

The Admiralty communiqué tells the result of the exploit by the Fleet Air Arm, but gives no details of how the attack was made. It was obviously no rush affair, but very carefully planned.

IN THE MOONLIGHT, WHILE BOMBERS OF THE FLEET AIR ARM WERE CRIPPLING HALF OF ITALY'S BATTLESHIPS—FOUND SHELTERING BEHIND SHORE BATTERIES IN THEIR STRONGHOLD—A SQUADRON OF OUR LIGHT NAVAL FORCES WAS BATTERING A CONVOY OF SUPPLY SHIPS ABOUT 100 MILES AWAY.

Last night it was disclosed that the Aircraft Carriers Eagle and Illustrious took part in the attack on the battleships, which was carried out against strong A.A. defences and a balloon barrage.

A beaming Prime Minister listened to cheer after cheer ringing through the House of Commons yesterday as he told members that the bombers which attacked the naval base at Taranto during the night of Monday and Tuesday left:

One battleship of the latest Littorio class—pride of Mussolini's Fleet—so badly down by the bows that her forecastle is under water and with a heavy list to starboard;

Another battleship of the Cavour class, beached, the after turret under water, and listing heavily to starboard;

Another Cavour battleship probably severely damaged.

And two cruisers in the inner harbour listing to starboard and surrounded by oil.

The Prime Minister also made this impressive statement: "This result, while it affects decisively the balance of naval power in the Mediterranean, also carries with it reactions on the

The Conte di Cavour—a battleship of her class has been beached; probably another severely damaged

The Littorio—one of her class is so badly down by the bows that her forecastle is under water

Another Convoy Ship Is Safe

ANOTHER cable of encouraging news of the sea was flashed across the Atlantic last night.

One more ship of the convoy "destroyed" by the Nazi sea raider had made port.

There were 38 ships in the convoy. With the 29 previously announced to have escaped the marauder—said to be of the pocket battleship type—this now leaves eight still unaccounted for.

TRIBUTES TO CAPTAIN

Meanwhile, from ports on both sides of the Atlantic come survivors' tributes to the gallant sacrifice of Captain E. S. Fogarty Fegen, R.N., commander of the Jervis Bay.

Forty Flying Fortresses for Us Before Christmas

WASHINGTON, Wednesday.

FORTY of America's great four-engined "Flying Fortress" bombers are expected to be sent to Britain before Christmas.

It is estimated that the Boeing Company's output of "Flying Fortresses" will reach 80 by late December, and Britain will get half of these under President Roosevelt's "rule of thumb" policy granting Britain half of America's armaments production.

A BOMB-SIGHT, TOO

It was also learned in Washington today that the United States has released one of its bomb-sights to Britain.

The sight is stated to be of an old type, and although not so accurate as the secret sight the United States is using, is said to be highly effective.—Reuter and B.U.P.

Parliament To Be Prorogued

LATE NEWS

ITALIAN RETREAT

BERLIIN RAID

LONDON BLACK-OUT TIME 5.43 p.m. — 7.47 a.m.

Two at Cremation of Mr. Chamberlain

イギリスのニュース・クロニクル紙はタラントの勝利を祝福する一方で、イタリア人には戦う勇気が欠けているという一般認識をあからさまにあおりたてている。

マタパン岬沖海戦

ドイツは、イタリアの同盟国に圧力をかけ、イギリス軍が目論むギリシアでの戦力強化を阻止しようとしていた。イギリスの護送船団がエジプトからギリシアへ部隊を運んでいると知ったイタリアは、クレタ島で船団を攻撃する計画を立て、とくに地中海には1隻のみと見積もった戦艦の破壊を目論んだ。タラントで大きな打撃を受けたにもかかわらず、イタリア海軍はいまだに最新型の高速戦艦ヴィットリオ・ヴェネト号や数隻の強力な重巡洋艦を保有していた。マタパン岬沖海戦では、空軍力はもちろん情報収集も重要な鍵を握った。イタリアには自国の空軍の援護がなかったためである。

イギリス艦隊総司令官サー・アンドルー・カニンガム提督は、イタリアの意図を警戒していたが、イタリアは地中海東部に展開するイギリス戦艦の数を過小評価していた。じつはカニンガムには3隻の戦艦に加えて、上空援護もあったのだ。それればかりか、破損したイラストリアス号の後任として、ごく最近フォーミダブル号が配置についていた。さらに海軍航空機と、クレタ島とギリシアの基地所属のイギリス空軍部隊からの支援もあった。それらで艦上機フルマー、アルバコア、ソードフィッシュを補うことができる。イタリア軍とは違い、イギリス軍は夜戦の経験を積み、地表警戒レーダーを搭載した戦艦も保有していた。

攻撃が差し迫っていると察知したカニンガムは、護送船団の航行を延期し、偵察のために巡洋艦と駆逐艦をクレタ島南部へ送りこんだ。指揮を執ったのはプライダム＝ウィッペル少将だった。カニンガム自身は、日暮れ後に艦隊を率いてアレクサンドリアを出港し、プライダム＝ウィッペルの艦隊と合流した。3月28日午前7時30分頃、クレタ島と空母フォーミダブル号から偵察出撃したパイロットが巡洋艦と駆逐艦の艦隊を発見したが、イタリア軍なのかプライダム＝ウィッペルの艦隊なのか、判然としな

［右］ヘンリー・プライダム＝ウィッペル中将。マタパン岬沖海戦の活躍でナイト爵位を授与された。イギリス海軍の古参であるプライダム＝ウィッペルは1900年に入隊し、1915年のガリポリの戦いでは駆逐艦の指揮を執った。
［下］マタパン岬沖海戦。イギリス海軍が勝利した理由のひとつとして、イタリアの暗号と信号をブレッチリー・パーク暗号学校が解読していたことがあげられる。カニンガム提督はのちにブレッチリー・パークを訪れ、暗号解読者に直々に謝意を示した。

かった。じつはそれはイタリア軍の艦隊だったので、プライダム＝ウィッペルは南から接近している重戦闘艦隊方向へおびき寄せようとした。約1時間の短い交戦のすえ、イタリアのイアキーノ提督は艦隊を撤退させた。

このときカニンガムは戦闘地点から113キロ地点におり、フォーミダブル号では6機の雷撃機が攻撃態勢を整えていた。距離が詰まるのを待ったのち、カニンガムは午前9時39分に攻撃を開始した。3万5000トンのイタリア戦艦ヴィットリオ・ヴェネト号は北へ航行中だったため、イアキーノはプライダム＝ウィッペルの巡洋艦をそちらへ誘いだそうとしていた。そのときイギリス巡洋艦オライオン号がイタリア戦艦を視認したが、その後の交戦で破損した。非常に危険な状況だったが、プライダム＝ウィッペルは雷撃機の到着に救われた。雷撃機はイタリア戦艦を攻撃したので、イ

ヴィットリオ・ヴェネト号。連合軍のマタパン岬沖勝利の祝福ムードは、イタリアでもっとも危険な戦艦が逃走したためにかき消された。ある提督は、イギリス流のいつもの控えめな言い方で、「非常に遺憾に思われる」ことだと述べた。幸い、ヴィットリオ・ヴェネト号は好機に乗じることができず、1943年に連合軍に降伏し、1951年には解体された。

タリア人は急ぎ帰港せざるを得なかった。一方、カニンガムは敵船の3つのグループを監視し続けようとしていた。当初の攻撃ではイタリア艦にまったく損傷を与えることができなかったが、昼過ぎの6機による第2弾の攻撃は功を奏し、1本の魚雷がヴィットリオ・ヴェネト号に深刻な浸水を引き起こした。航行はできたものの、かなり速度は落ちた。一方でフォーミダブル号を離艦した雷撃機がさらに良い情報をもたらしたため、第3弾の航空攻撃につながった。

だが、すべてが計画どおりに進んだわけではない。通信連絡の問題もあれば、艦隊の見間違いの問題もあり、作戦ははかどらなかった。イタリアはいまだにイギリスとオーストラリア艦隊の総数を少なく見積もっており、カッタネオ中将に2隻の巡洋艦ザラ号とフィウメ号、さらに4隻の駆逐艦を率いて状況判断をするよう命じた。彼らはイギリスのフォーミダブル号、ウォースパイト号、ヴァリアント号、バーラム号に遭遇し、カニンガムの言を借りると「砲撃主が失敗しようのない距離で」イギリス側が攻撃を開始した。ザラ号、フィウメ号、ヴィットリオ・アルフィエリ号は広範囲に被弾し、沈没した。それからカニンガムは攻撃のために護送船団を送り——オーストラリア艦スチュアート号、イギリスのグレイハウンド号、グリフィン号、ハヴォック号——彼らはイタリア軍と2時間にわたり戦った。

夜明けにはイギリスの偵察機が状況を把握していた。イタリア艦隊の大半は破壊されたり損傷を受けたりしたが、大型戦艦ヴィットリオ・ヴェネト号は逃走していた。しかし、連合国の駆逐艦は1隻も失われておらず、アレクサンドリアへ向かう途上でドイツ軍爆撃機の攻撃をかわした。マタパン岬沖海戦は、イタリア艦隊の脅威を軽減した。枢軸国は、地中海での航空機と潜水艦に頼らざるを得なくなった。

戦艦ビスマルクの撃沈

1941年5月21日、イギリス空軍沿岸司令部の偵察機がノルウェーのフィヨルドでドイツ船2隻を撮影した。当時最強の戦艦と言われたビスマルク号と、重巡洋艦プリンツ・オイゲン号だった。この強力な2隻の軍艦は、イギリスを戦争につなぎ留めている重要な護送船団にとって大きな脅威だった。即時爆撃が命じられ、18機の爆撃機がノルウェーに向かったが、視界不良のためわずか2機しか目標エリアをみつけられず敵艦に損害を与えることはできなかった。

イギリス海軍総司令官トーヴィー提督は、2隻の巡洋艦ノーフォーク号とサフォーク号にグリーンランドとアイスランドのはざまの海域を巡行させ、残りの巡洋艦はアイスランドとフェロー諸島のあいだに配備していた。トーヴィーは、ホランド中将に巡洋戦艦フッド号と新造船の戦艦プリンス・オブ・ウェールズ号、さらに駆逐艦の護衛船を率いて、アイスランドの南西に陣取るよう命じた。翌日、さらに偵察を続けた結果、2隻のドイツ戦艦はすでにその海域からは姿を消していた。こうして不安と緊張の捜索が

ビスマルク号の最期。イギリス海軍のフッド号を撃沈されたチャーチルは「手段は問わない。ビスマルク号を沈めよ」と述べた。ビスマルク号はドイツ海軍の誇りだったので、その撃沈は連合軍にとって戦略的にもプロパガンダの面でも大成功だった。

イギリス海軍アーク・ロイヤル号。この空母がビスマルク号追跡で大きな役割を果たしたことから、第2次世界大戦では空軍力の重要性が陸上はもちろん海上でも増していることがわかった。

始まった。

ドイツの戦艦2隻は、まずノーフォーク号とサフォーク号によってアイスランドとグリーンランドにはさまれたデンマーク海峡で発見された。フッド号とプリンス・オブ・ウェールズ号からは483キロの距離があり、トーヴィー提督が座乗する戦艦キング・ジョージ5世号と空母ヴィクトリアス号、および巡洋戦艦レパルス号からは966キロ離れていた。

5月24日午前5時、ホランド中将率いる2隻の大型船がドイツ艦の32キロ以内に到達した。その後の短い交戦で、ビスマルク号はフッド号を撃沈した。1400人の乗組員ほぼ全員が死亡。脱出したのはわずか3人だった。完成直後で造船所を出たばかり、しかも乗組員は経験の浅い新人が占めるプリンス・オブ・ウェールズ号は7発被弾し、退避せざるを得なかった。しかしビスマルク号も損傷を受け、3発被弾していた。そのうち1発はボイラー室を破壊した。ビスマルク号の司令官リュッチェンスは、帰港と修理を決断し、南へ向かった。それをサフォーク号とノーフォーク号、損傷

イギリス海軍の戦艦ロドニー号の堂々たる9門400ミリ砲。ロドニー号が放つ魚雷とともに、この銃砲がビスマルク号にもっとも大きな損傷を与えた。

を受けたプリンス・オブ・ウェールズ号が追跡した。3隻の司令官らは、トーヴィーのキング・ジョージ5世号とレパルス号が東から接近中だと把握していた。空母ヴィクトリアス号もビスマルク号の攻撃に送られ、9機のソードフィッシュが離艦したが、ビスマルク号に1発命中させるのがやっとだった。

いまやビスマルク号はあらゆる手を尽くして追跡を逃れようとしていた。5月25日、トーヴィーは敵艦を見失ったとの報告を受けた。イギリス海軍はあらゆる方面から大西洋へ艦艇を集中させていたので、ビスマルク号追跡にかかわった船すべてが燃料不足に陥った。損傷しやはり燃料不足に陥ったビスマルク号はフランス沿岸を目指していたが、なんとかブレストに到達できるだけの予備燃料しかなかった。5月26日、ドイツ軍は作戦どおりにいくだろうと希望を抱いたが、午前10時30分、目的地まで1127キロの地点でイギリスの飛行艇カタリナに発見された。副操縦士のアメリカ海軍少尉レナード・スミスは、当時はアメリカがまだ参戦していなかったので特別観測員として搭乗していた。ビスマルク号の北側にはサー・ジェームズ・サマーヴィル中将率いるジブラルタル艦隊のレナウン号、アーク・ロイヤル号、シェフィールド号が待ち受けていた。シェフィールド号はビスマルク号に舵を切って追跡し、15機の爆雷機が空母アーク・ロイヤル号から離艦してビスマルク号の攻撃に向かった。しかしその海域にシェフィールド号がいることに気づかずに、誤ってシェフィールド号を攻撃した。幸運にもシェフィールド号は機雷を避けることができた。

午後6時30分、爆雷機の第2波がアーク・ロイヤル号を飛びたったが、作戦失敗と報告してきた。すると、その場の誰もが驚いたことに、ビスマルク号の針路を伝える第2の信号がシェフィールド号から送られてきた。ビスマルク号はキング・ジョージ5世号とロドニー号へ向かってまっすぐ進んでいた。空爆の成功で、2発の命中弾のうち1発がビスマルク号の操舵装置に損害を与えていた。そのため舵がきかなくなっていたのだ。ドイツ軍はUボートと爆撃機、タグボートを急派し、損傷した戦艦を救おうとしたが無駄に終わった。5月27日午前8時45分、ロドニー号とキング・ジョージ5世号は19キロの距離からビスマルク号に攻撃を開始した。

トーヴィー提督は、1941年7月5日に送った特電でビスマルク号の最期をこう述べている。

> 10時15分にはビスマルク号は難破船になっていた。攻撃はせず、船首から船尾まで炎に包まれ、刻一刻と揺れも浸水も激しくなっていった。水中に飛びこむ乗組員が見えた。(中略)わたしはビスマルク号は決して港には戻れないと、沈没は時間の問題だと確信した。キング・ジョージ5世号とロドニー号の燃料不足は深刻になっていた。至近弾や魚雷の命中による燃料タンク損傷の可能性を考えなければならなかった。砲撃をさらに続けてもビスマルク号の最期を早めることにはならない。そのためわたしはキング・ジョージ5世号とロドニー号による作戦打ち切りを決断し、魚雷が残っている船はビスマルク号に使うよう指示を出した。ドーセットシャー号は命令に先んじてビスマルクの両舷に至近距離から魚雷を発していた。10時37分、ビスマルク号は沈没した。ビスマルク号は勝算のない交戦で非常に勇ましく、かつてのドイツ帝国海軍に恥じない戦いを見せた。そして多くの軍艦旗をはためかせながら沈んでいった。ドーセットシャー号は3等砲術士を含む4人の士官と75人の2等水夫を救助、そしてマオリ号は24人の2等水夫を救助した。しかし11時40分、ドーセットシャー号がUボートの疑いがある怪しい船影を目撃したため、救助活動を断念せざるを得なかった。

ドイツの爆撃機が現場に到着したときには手遅れだった。爆撃機はなんとか駆逐艦1隻を撃沈したが、その他のイギリス船は基地へ帰還した。イギリスの追跡を振り切っていたプリンツ・オイゲン号は、その後6月1日にブレストに入港した。

真珠湾攻撃

1941年12月の日本軍による真珠湾のアメリカ海軍への攻撃は、アメリカに対する壊滅的な打撃として国民の意識に深く刻まれ、アメリカを第2次世界大戦へ引きこむ最後の決定打となった。日本とアメリカは長らく緊張関係が続いており、1937年に日本が中国に侵攻したとき、アメリカは日本に経済制裁を課す一方で中国には支援を実施した。フランクリン・ルーズヴェルト大統領は日本の領土拡大計画を懸念し、太平洋艦隊はハワイの真珠湾の前進基地に留まった。

アメリカの見立ては、日本からの攻撃はフィリピン等の他国の領土と太平洋内に留まるだろうというものだった。ところが日本海軍総司令官、山本

日本機の操縦士から見た真珠湾攻撃の全景。アメリカ船がこの奇襲攻撃でいかに無防備だったかがわかる。

五十六大将は、すでに真珠湾攻撃の作戦を練っており、11月26日に6隻の空母を含む32隻の船とともに出航した。艦隊が真珠湾へ向かっている最中も、日本とアメリカの外交交渉は続いていた。

12月7日午前7時55分、連携した動きで第1波攻撃隊183機が真珠湾に投錨中の戦艦を攻撃し、報復を防ぐために飛行場も爆撃した。この直後、ワシントンでは駐米日本大使が外交交渉の打ち切りを知らせたが、戦争にはまったく言及しなかった。

3万トンの戦艦アリゾナ号の艦上では、午前8時直前に空襲警報のサイレンが鳴り響いた。日本の航空機1機が低空飛行で頭上を通過し、直後に高性能爆撃機の編隊が戦艦に向かってくるのが見えた。1発命中した爆弾は主甲板を貫通し、その下で爆発した。10分後、前方火薬庫が爆発したため総員退艦命令が下った。第2波の167機は午前8時40分に到着した。

1時間半のうちに、5隻の戦艦を含む18隻が沈没または座礁した。湾内には90隻以上の船が停泊していたが、攻撃は8隻の戦艦に集中した。ウェスト・ヴァージニア号とオクラホマ号は沈没、カリフォルニア号、メリー

攻撃後のアメリカの戦艦ウェスト・ヴァージニア号とテネシー号。ウェスト・ヴァージニア号は真珠湾で沈没したが、引きあげられて修理され、損害が小規模だったテネシー号ともども引き続き硫黄島とレイテ湾の攻防に参戦した。

Chicago Daily Tribune FINAL

U.S. AND JAPS AT WAR

BOMB HAWAII, PHILIPPINES, GUAM, SINGAPORE

NIPPON TROOPS LAND IN MALAYA; BATTLE BRITISH

RAIDERS BLAST HONOLULU, AIR AND NAVY BASES

CONGRESS GETS F.D.R. MESSAGE IN CRISIS TODAY

WAR MAPS AND PICTURES

WAR BULLETINS

Jap Raiders Bomb 2 Isles in Philippines

PRIVATE PLANES IN U.S. GROUNDED

Parliament Convenes Today; Expected to Declare War

真珠湾攻撃でアメリカは第2次世界大戦に引きこまれた。重要なのは、奇襲攻撃が太平洋におけるアメリカの海軍力壊滅には失敗した点だ。つまりアメリカは日本が予想した以上に素早く再武装できたのである。

ランド号、テネシー号は損傷した。乗員は対空砲火で可能な限り反撃し、仲間の命を救うために全力を尽くした。わずかな小康状態のあいまに、ネヴァダ号はなんとか退避したものの、外洋を目指しているときに日本の爆撃機の第2波に阻止された。日本機はネヴァダ号を水路で沈めて湾の入り口を閉鎖しようとしたが、ネヴァダ号はなんとか自ら浅瀬に乗りあげ、水路封鎖を回避した。急襲がやんでみると、アメリカ側は2403人が戦死、1178人が負傷していた。

死者数の半数近くはアリゾナ号の爆発が原因だった。戦死者の大半は、1等兵や2等兵の若者だった。士官の大半は陸上の住宅で暮らしていたからだ。全部で航空機が187機、軍艦8隻、巡洋艦3隻、駆逐艦3隻、補助艇2隻、そして機雷敷設艦艇1隻が失われた。反撃のために離陸できた航空機はほとんどなかった。せめてもの救いは、当時アメリカの空母が真珠湾には停泊していなかったことと、日本が修理設備や潜水艦ドック、燃料タンクは攻撃していなかったことだ。正式な宣戦布告の前に戦闘態勢が整っていない敵を攻撃した日本が失ったのは、戦闘機29機と潜水艦6隻、

イギリス船プリンス・オブ・ウェールズ号とレパルス号も日本の奇襲攻撃を受けた。今回はイギリス海軍が標的とされた。真珠湾攻撃から3日後のことである。

戦闘員64人のみだった。

12月16日、アメリカ海軍長官フランク・ノックス大佐が被害の公式発表を行った。当然ながら損害を小さく見せようとしたが、多数の死傷者が出たことは認めた。「戦艦、空母、重巡洋艦、軽巡洋艦、駆逐艦、潜水艦を擁する太平洋艦隊全体の優位性は崩されておらず、すべてが海上で敵との接触機会を探している」。ノックスはこう述べて、ホノルル港の施設に被害はなく、同じく石油タンクや石油基地も無事だとつけ加えた。ルーズヴェルト大統領は両院合同会議で短い演説を行った。「昨日、1941年12月7日――今後恥辱の日として記憶されるであろう日に――アメリカ合衆国は突然、用意周到に、大日本帝国海軍および空軍によって攻撃された」。大統領は日本への宣戦布告を議会に求めて演説を終えた。30分あまりののちに投票が行われ、対日宣戦布告が政治的立場の違いを越えて支持され、承認された。

数日後、日本軍はイギリス海軍の新戦艦プリンス・オブ・ウェールズ号と巡洋戦艦レパルス号をマラヤ沖で撃沈し、またしても空襲で戦果をあげた。イギリスにとっては大きな損失で、極東で実戦可能な艦隊を失ってしまった。イギリスのウィンストン・チャーチル首相は、この知らせを聞いたときの感情をのちにこう回想した。

> あらゆる戦争で、わたしはこれほど直接的な衝撃を受けたことはなかった。(中略)ベッドで身をよじるように寝返りを打っていると、その知らせの恐ろしさが身にしみた。インド洋と太平洋には、イギリスの船もアメリカの船もいないのだ。例外は、真珠湾で生き残りカリフォルニアへ急ぎ戻っているアメリカ人だ。この広大な海の向こうでは、日本が覇権を握り、われわれはどこにいても弱く裸同然だった。

真珠湾では、その後3隻を除いてすべての船が引きあげられ、修理された。アメリカ軍で最高位の勲章である名誉勲章があらゆる階級の15人の海軍関係者に贈られたが、そのうち10人は故人だった。国全体が受けた衝撃と、そこから生まれる真珠湾攻撃への怒りでアメリカ国民は結束し、戦争に勝つという決意を固めたのである。

ジャワ沖海戦

真珠湾を奇襲し、イギリス戦艦プリンス・オブ・ウェールズ号とレパルス号を撃沈したのち、日本海軍は空軍の支援のもとオランダ領東インドに侵攻した。2月15日夜間、イギリス首相ウィンストン・チャーチルは、シンガポールの陥落を発表した。連合軍の惨事の連鎖に、またひとつ鎖の輪が加わったのだ。チャーチルは格式ある言い回しでこう述べた。「今夜は日本人が勝利に酔う。世界に歓喜の声をあげる。われわれは苦しむ。愕然とする。追いつめられる。だがこの暗黒のときでさえ、わたしは確信している。日本の侵略行為の作者たちに、歴史は犯罪的狂気という審判をくだすだろうと」

オランダ領東インドに残っていた連合国海軍の船には空軍の援護がなく、イギリス、オランダ、オーストラリア、アメリカの巡洋船の混合部隊をアメリカのハート提督が指揮していた。しかしオランダは自国のヘルフリッヒ中将を指揮官に置きたいと考えた。そこで育ったヘルフリッヒは知識が非常に豊富だったからだ。そして2月16日、彼は連合国海軍のみならず、残された3部隊すべてで指揮を執ることとなった。この軍は連合国4か国

ヘルフリッヒ提督。有能な潜水艦指揮官で、「シップ・ア・デイ・ヘルフリッヒ」(1日1隻のヘルフリッヒ)と呼ばれたのは、敵船を撃退した彼の艦隊の豪胆さに由来する。ジャワ沖海戦の作戦を指揮したときは、それほどの手腕は見せなかった。ヘルフリッヒの対日戦英米蘭豪軍事司令部に日本が勝利をおさめたのち、彼は総司令官としてセイロン島(現スリランカ)へ送られた。1945年9月2日、アメリカ艦ミズーリ号で日本の無条件降伏の文書に署名したひとりとなった。

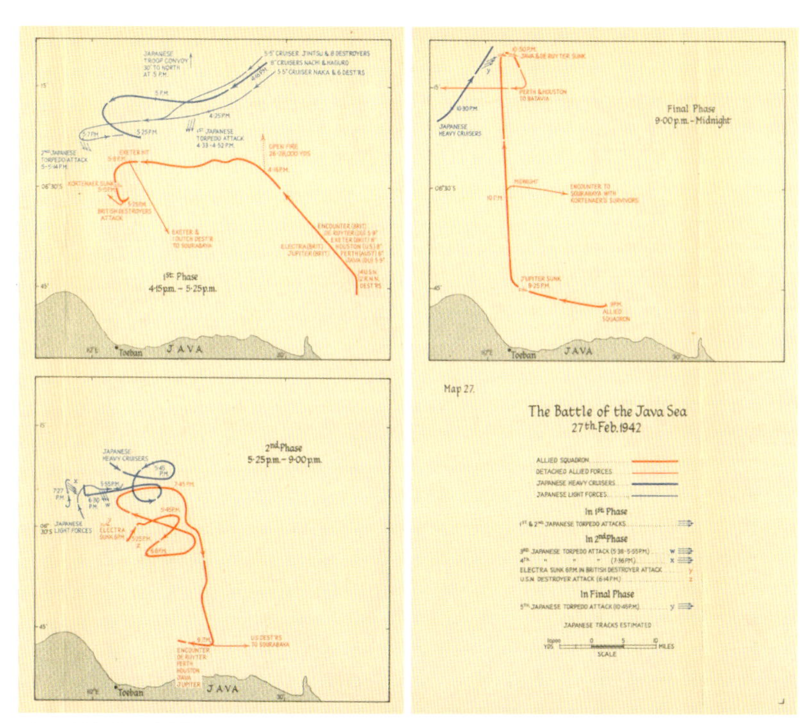

ジャワ沖海戦で連合軍と日本の船の動きを示した地図

の頭文字を取ってABDA（対日戦英米蘭豪軍事司令部）と呼ばれた。

2月25日、ヘルフリッヒは西ジャワ州の本部で、日本の大規模な侵攻護送船団3隊がジャワへ向かっているとの航空偵察の報告を受けた。ヘルフリッヒの副官で同じくオランダ人のカレル・ドールマン少将は、最初の船団と戦う決断をした。2月26日、ドールマンは連合軍の一団を率いてスラバヤから出航し、6インチ砲を搭載した巡洋艦デ・ロイテル号に座乗した。空母を伴っていないため偵察飛行の報告は得られず、ヘルフリッヒの本部からの情報に限られた。ドールマンの艦隊には200ミリ砲を搭載した2隻の重巡洋艦、イギリス船エクセター号とアメリカ船ヒューストン号が含まれていた。エクセター号の乗組員は経験豊富で、指揮官はオリヴァー・ゴードン大佐だった。オーストラリアの巡洋船で150ミリ砲を搭載したパース号と、やはり150ミリ砲のオランダ船ジャワ号もあった。最終的に9隻の駆逐艦も加わった。エレクトラ号、エンカウンター号、ジュピター

沈没するイギリス船エクセター号。乗組員の大半は生き延び、日本軍に救助された。しかし、捕虜収容所で体験した過酷な扱いが原因で、捕虜の約4分の1が死亡した。

号はイギリス船、コルテノール号とヴィテ・デ・ヴィット号はオランダ船、そしてアルデン号、ジョン・D・エドワーズ号、ジョン・D・フォード号、ポール・ジョーンズ号は古ぼけたアメリカの駆逐艦だった。これらの艦艇はどれも長期間ほぼ継続的に航行していたので、乗組員も船もその影響を受けていた。

2月27日午後、ドールマンらは日本の巡洋艦1隻と駆逐艦数隻を目視した。総数41隻の輸送船が13隻の駆逐艦と2隻の軽巡洋艦に護衛される侵攻護送船団だった。高木武雄少将も2隻の重巡洋艦、那智号と羽黒号を指揮していた。それらは20センチ砲10門ずつに魚雷を備え、攻撃能力がはるかに高かった。午後4時、2隻の日本の巡洋艦が口火を切り、まずエクセター号とヒューストン号に向かった。当初ドールマンの艦隊は船団を攻撃するために前進できたが、連合国間の脆弱な通信手段と悪天候に阻まれた。1時間後、砲弾がエクセター号のボイラー室で炸裂し、すべてのボイラーが使用不能になった。エクセター号はヴィテ・デ・ヴィット号に伴われてスラバヤへ引き返すこととなった。コルテノール号は、日本軍の魚雷が命中し沈没した。エレクトラ号は損傷し、大きな火災が起きたので放棄

オランダの駆逐艦ヴィテ・デ・ヴィット号。この船にとってジャワ沖海戦は最初の――そして最後の――海戦となった。

せざるを得なかった。ジュピター号も機雷によって沈没した。日暮れ頃には連合軍の艦隊は崩壊し、スラバヤへ戻る駆逐艦は別として、ドールマンに残されたのはわずか4隻の巡洋艦だけだった。魚雷で沈没したデ・ロイテル号とジャワ号の両艦から救助されたのは、わずか111人だった。残りの2隻、パース号とヒューストン号は撤退した。ドールマンの極東攻撃隊は侵攻船団の阻止という非現実的な目標こそ達成に失敗したが、それを1日遅らせることには成功した。

スラバヤに生還したのはエクセター号、エンカウンター号、オランダのヴィテ・デ・ヴィット号、そして4隻のアメリカの駆逐艦、さらにポープ号だった。ポープ号は修理中だったため攻撃隊には加わっていなかった。これらの船はこの地域からの退去を命じられた。そのため2月28日の夜間、アメリカの駆逐艦4隻がバリ海峡経由でインド洋へ脱出した。ヴィテ・デ・ヴィット号は修理が必要だったため現地に残り、エクセター号、エンカウンター号、ポープ号はスンダ海峡を目指した。エクセター号には水深が浅すぎたため、アメリカの駆逐艦と同じルートをたどることはできなかった。

ジャワ海に出てからは、3隻は無事に航行を続けていたが、夜が明け始めると敵の偵察機に発見され午前中には包囲されていた。弾薬が切れるまで戦ったのち、退艦命令が出され、エクセター号は沈没した。数分後、エンカウンター号も撃沈した。ポープ号の艦長は退避の希望を捨てていなかったが、日本の爆撃機に追跡され、結局3月1日午後に沈没した。

こうしてABDAの海軍の主要戦力ほぼすべてが破壊された。10隻の船が失われ、約2173人が戦死した。ジャワ沖の海戦で、東南アジアにおける連合軍海軍の重要な作戦は幕引きになった。日本はジャワに侵攻し、オランダ領東インド全体を支配して貴重な食料や石油資源を手中にした。残りの連合軍戦力も3月に降伏し、連合空軍はオーストラリアへ退却した。

珊瑚海海戦

1942年、日本は東アジア支配を強め、中国の広範囲を管理し、フィリピン、マラヤ半島、ビルマ(現ミャンマー)のラングーンを占領した。いまやオーストラリアも危機に瀕していた。その証拠を見せるかのように、オーストラリア最北端の町ダーウィンが日本軍の急襲で爆撃された。

イギリスでは全面的な作戦見直しが必要となり、いま極東艦隊はセイロン(現スリランカ)を拠点にしていた。リスクを認識したジェームズ・サマーヴィル提督は、艦隊をアッドゥ環礁の深海錨地へ移動させた。4月5日、南雲忠一大将が率いる空母赤城と加賀を含む艦隊がコロンボ攻撃の準備を整えたが、極東艦隊はすでに退避していた。真珠湾攻撃の再現は阻止されたので、日本軍の成功はサマーヴィルの艦隊に合流する途上だった1万トンのイギリスの巡視船ドーセットシャー号とコーンウォール号を破壊したことに留まった。翌朝、1100人の生存者が救出された。日本軍は1万1000トンのハーミーズ号をセイロン島の北岸で発見し、これも撃沈した。

南雲大将。真珠湾攻撃では主要戦闘グループである「機動部隊」を率いた。彼のセイロンへの急襲が珊瑚海海戦を引き起こした。

一方で、アメリカ軍は思い切った反撃に出ようとしていた。ミッドウェー島の前進基地から、2隻の空母が日本へ急派された。そして16機の長距離爆撃機が直接日本本土へ飛来し、目標とした東京と横浜の海

軍造船所の爆撃に成功したのだ。イギリス東洋艦隊の発見失敗と本土攻撃後、日本は戦略を練り直した。目下の最優先事項は太平洋基地の統合だったので、珊瑚海近辺の島々がつぎの標的とされた。日本軍は東進してニューブリテン島、ニューアイルランド島、ニューギニア島、ソロモン諸島を目指した。そこからミッドウェー諸島を支配し、ハワイ攻撃の拠点とする計画だ。

アメリカの暗号解読者は非常に優秀だったので、日本の作戦はアメリカ側に筒抜けだった。そのため2隻の空母グループが珊瑚海へ派遣された。60機の航空機を搭載できるレキシントン号とヨークタウン号、さらに補助艇と駆逐艦も加わった。フランク・フレッチャー提督の指揮のもと、艦隊は5月5日にガダルカナル島の南で合流し、日本軍の迎撃に向かった。日本軍は2グループに分かれ、規模が大きいほうの艦隊には84機の航空機を搭載できる空母、翔鶴と瑞鶴が含まれていた。第2部隊は小型空母の祥鳳と護衛部隊で構成されていた。

[左]日本の首都、東京を標的とした連合軍の空爆作戦「ドゥーリトル空襲」前に、空母ホーネット艦上に並ぶ爆撃機。
[上]攻撃を受ける翔鶴。この日本の空母は珊瑚海海戦を生き延びたが、1944年についに沈没した。海面の水しぶきは敵弾の至近弾である。

オーストラリアとアメリカの巡視艇の先遣部隊に発見されたのは、祥鳳だった。先遣部隊は祥鳳の撃沈に見事に成功し、その過程で失った航空機もわずか3機だった。戦闘のつぎの局面はこれほど簡単ではなかった。現場には霧が立ちこめ、スコールも降る視界不良のなか、フレッチャー提督と高木提督は互いを探していた。5月8日、ついに互いの位置を把握し、どちらも空母から爆撃機と戦闘機を緊急発進させた。アメリカ軍は翔鶴の爆撃に成功、翔鶴は炎上した。一方、日本軍の戦闘機は連合軍の大型空母レキシントン号を狙い、2発を命中させ、レキシントン号は傾いた。つぎの急降下爆撃機と雷撃機の波状攻撃はヨークタウン号へ向かった。ヨークタウン号は被弾しながらもなんとか魚雷は避け、射撃手は26機もの日本機の撃墜に成功した。

日本の操縦士が任務から戻るとき、海上の航空機の限界があらわになった。翔鶴が損傷していたために艦上に着陸できず、その結果瑞鶴に負担がかかったのだ。多くの航空機が着陸しようと瑞鶴に押し寄せ、燃料切れで

珊瑚海海戦で沈没するアメリカのレキシントン号。元は巡洋戦艦だったが、1922年に空母に改造され、この種の空母のごく初期型のひとつとなった。

海へ墜落した機体もあった。翔鶴はなんとか日本へ向かったが、日本艦隊は前線基地を確立する作戦を完遂できなかった。

レキシントン号とヨークタウン号は真珠湾への帰路についた。しかしその途上でレキシントン号が大爆発し、200人の乗組員が戦死、36機の航空機が失われた。アメリカ、オーストラリア、ニュージーランドの連合軍にとって珊瑚海海戦は、大規模な日本軍を相手に小型空母1隻の損失だけで勝利した戦いだった。これが太平洋における連合軍の激しい反撃の始まりだった。

ミッドウェー海戦

1942年6月までは、日本にはまだ連勝の可能性があったが、5月の珊瑚海海戦でアメリカの巡洋艦隊にもまだ力があることが示された。しかし、日本の大胆な領土拡大計画を食い止めることはできなかった。日本の山本司令長官は、アメリカの太平洋艦隊の殲滅を決めた。日本側は、アメリカの空母は4隻のみとの報告を受けており、それに対して日本の太平洋艦隊には7隻の大型空母と4隻の小型空母があった。日本の作戦は、アメリカの前線基地であるミッドウェー島に侵攻し、同時に陽動作戦としてアラスカに近いアリューシャン列島を攻撃することだった。

チェスター・ニミッツ。ミッドウェー海戦の勝利後、ニミッツはアメリカ太平洋艦隊総司令官として、日本に攻勢をかけた。それにより、1945年9月1日、ニミッツはミズーリ号艦上で日本の降伏文書に署名することとなった。公式に戦争が終結したのだ。潜水艦の専門家だったニミッツは、アメリカの原子力潜水艦の初期の開発計画を監督することになる。

450ミリ砲を搭載した6万5000トンの新戦艦「大和」に軍旗を掲げて出航したとき、山本五十六大将はアメリカの諜報部がすでにこの作戦を把握していることに気づいていなかった。アメリカは、集中的な情報収集活動によって日本の暗号を一部解読していたのだ。その結果、アメリカ太平洋艦隊総司令官チェスター・ニミッツ提督は、ミッドウェー島の北に艦隊を配備することができ、偵察斥候も続けられた。

理論上は、ニミッツが不利だった。彼には戦艦が1隻もないのに対し、日本軍には11隻もあるのだ。空母は2隻、ホーネット号とエンタープラ

[上]日本の戦艦、大和。1940年に就役し、姉妹艦の武蔵とともに、史上最重量級の戦艦だった。460ミリ主砲は戦艦に搭載された最大の砲塔だった。
[下]墜落した日本の零式艦上戦闘機。第2次世界大戦中の航空機で、この日本の主力戦闘機ほど恐れられたものはなかった。ミッドウェー海戦では零戦がアメリカのワイルドキャット戦闘機を相手に善戦した。

イズ号だった。3隻目の空母ヨークタウン号は5月に損傷していたため、1400人の兵士が真珠湾で不眠不休で修理に当たり、90日と予想された作業期間を48時間に短縮するべく準備に当たっていた。たとえそれが実現しても、日本軍には700機の航空機を搭載する8隻の空母があるが、それに比べてアメリカの航空機は合計300機だった。他の数字もやはり不利だった。巡洋艦は日本の22隻に対してアメリカは13隻。駆逐艦は65隻に対して28隻。そして潜水艦は日本は21隻に対してアメリカは19隻だった。

6月3日、ジャック・リード少尉はカタリナ飛行艇で偵察飛行中だった。午前9時、最初に日本軍を発見したのは彼だった。当初は主要艦隊と報告したが、彼が目撃したのは田中少将の輸送艦隊だった。B-17フライングフォートレス9機が攻撃に送りだされ、彼らは楽観的に戦果をあげたと考えたが、じつは攻撃は成功していなかった。フレッチャー少将は、賢明にも、目撃報告を主要艦隊とは考えず、空母を南西へ移動させてミッドウェー防御に動いた。北部では、細萱提督率いる日本の陽動艦隊の空母を離艦した戦闘機がダッチ・ハーバー攻撃に送られ、施設に損害を与えた。

一方、6月4日午前5時30分、ニミッツは別のカタリナ操縦士が突き止めた主要攻撃艦隊の位置情報を手に入れた。南雲大将率いる第一航空艦隊の日本の4隻の空母、赤城、加賀、飛龍、蒼龍から出撃した108機の第1

アメリカの空母エンタープライズ号で離艦準備をする戦闘機。ミッドウェー海戦では、海戦の未来は空母の利用にかかっていることが疑問の余地なく証明された。

波が迫っていた。そこには急降下爆撃機、爆雷機、戦闘機、そして日本の恐るべき零式艦上戦闘機も含まれていた。

レーダーの事前警告もあり、午前6時にはアメリカの全航空機が離陸していた。日本の爆撃機がかなりの被害をおよぼすなか、戦闘機も15機のアメリカ機を撃墜した。日本軍が失った航空機は合計でわずか6機だった。それに対してアメリカの爆撃機は、日本の空母を攻撃していたがあまり成果はなく、かなりの航空機を失った。26機の防御用海兵隊戦闘機のうち17機が失われた。状況はかんばしくなかったが、ミッドウェーの飛行場はまだ使用可能だった。

日本の諜報部は真珠湾を出るアメリカ軍の空母の動きを知り、少なくともひとつのタスクフォースが外洋を航行していると推測した。だが山本五

ミッドウェー海戦で被弾するヨークタウン号。魚雷で航行不能になる前に、ヨークタウン号を離艦した戦闘機が日本の空母2隻の撃沈に一役買った。ヨークタウン号は戦闘中に他のアメリカ船への攻撃を遠ざけ、わが身を犠牲にして仲間を助けた。

十六は厳密な無線封止を求めていたため、この情報は耳に入っていなかった。防御の固い日本の空母を、まず3隻のアメリカ空母の雷撃機が攻撃し、その後、エンタープライズ号とヨークタウン号から離艦した急降下爆撃機も加わった。しかし戦闘機と爆撃機は攻撃に貢献できず、日本の艦隊に少しも損害を与えられないままアメリカの損失だけが増えていった。そこにエンタープライズ号からの急降下爆撃機37機が参戦した。指揮を執るマクラスキー少佐は爆撃機をふたつのグループに分けた。日本の戦闘機が充分な高度に達していないタイミングで、半分が加賀を、残りの半分が赤城を狙うのだ。急降下爆撃機のパイロットのひとりが海兵隊航空部隊のトム・ムーア大佐だった。彼と後部銃手のチャールズ・ヒューバー1等兵は加賀と赤城へ向かい、日本の戦闘機をかいくぐって目標を爆撃した。しかし零戦に攻撃され、ヒューバーは脚を負傷した。ムーアは損傷した爆撃機を操縦し、燃料が限られナビゲーション機器も使えない状態で帰還した。ミッドウェー島に着陸したとき、燃料の残りはあと2、3分だった。

赤城は3発被弾し、すぐに炎に包まれた。それが艦上の爆弾を爆発させた。一方、加賀は4度の攻撃を受け、乗組員は船を放棄せざるを得なかった。加賀は800人の乗組員とともに沈没した。第3の空母、蒼龍は、上空を防御する戦闘機がまったくないときにヨークタウン号からの急降下爆撃機に攻撃された。蒼龍も大きく損傷して火災が発生し、放棄された。飛龍は北へ向かい、搭載機はヨークタウン号を目指した。帰艦するアメリカ機を単純に追跡したのだ。日本機は10機が撃墜されたが、6機がヨークタウン号に深刻な損害を与えることに成功した。レーダーと通信システムが機能不全に陥ったので、フレッチャー少将は指揮官旗をアストリア号へ移さざるを得なかった。飛龍を飛びたった日本の雷撃機の第2波がヨークタウン号に2発命中させたので、昼過ぎにはヨークタウン号は総員退艦となったが、乗組員は全員救助された。

飛龍はなんとしても沈黙させなければならなかった。マクラスキー少佐率いる4機のダグラス爆撃機が護衛戦闘機をつけずにエンタープライズ号を離艦し、この日本の最後の空母に挑んだ。対空砲の激しい反撃をものともせず、爆弾4発を命中させた。飛龍は沈没し、まだ少し離れた位置にいた山本五十六は、アメリカの運用可能な空母の数を過小評価していたと気

日本の航空母艦、飛龍。猛攻撃を受け、最終的にミッドウェーで沈没した。39人の乗組員は飛龍のカッター船になんとか避難し、14日間漂流したのち救助された。

づき、作戦を中止した。戦闘開始当初の火力統計は日本が圧倒的に有利だったかもしれないが、戦闘が終わって死亡者数を見ると、別の話になっていた。3000人以上の日本兵が亡くなったのに対し、アメリカ側の犠牲者は300人強だったのだ。

これでアメリカ人と連合国の士気がおおいに高まった。6月7日にはニミッツ提督からの喜ばしいニュースが新聞に掲載された。提督は損害の詳細を語り、さらに、損傷した日本艦の一部は帰国できないだろうという自身の考えを語った。しかし「日本の海軍力が壊滅状態になるまで真珠湾攻撃への復讐は完了しない」と警告し、「われわれはその方向でかなり大きく前進した。目標地点の半ばまで来たと言っても許されるだろう」と述べた。

ミッドウェー海戦は、日本の侵略作戦を突如終わらせ、第2次世界大戦の大きなターニングポイントになった。そしていまや海上での主力は巨大な戦艦ではなく航空母艦であることを完全に明らかにした。残りの戦争では制空権が重要な要素になろうとしていた。

ガダルカナル島の戦い

1942年後半、不毛の小島が太平洋の覇権争いの中心地になった。制海権は日本軍のみならず、連合国にとってもきわめて重要だった。ミッドウェー海戦後、アメリカは日本への攻撃を計画したが、上級参謀のあいだで攻撃目標についての合意はほとんどなかった。しかし、それはすぐに解決した。日本軍がソロモン諸島近辺を占領しているとの情報が入ったためだ。

ソロモン諸島は日本の侵略計画にとって鍵となる場所だった。そこをオーストラリア攻撃の前進基地に使うつもりだったのだ。日本はガダルカナルという小島を占拠し、空軍基地を建造中だった。その領域では、現在はパプアニューギニアの町であるニューブリテン島のラバウルに日本の主要基地があった。彼らはツラギ島とガダルカナルの北に位置するフロリダ諸島

現在のパプアニューギニアの町ラバウル。ガダルカナル島の戦いでは、日本の援軍と物資の補給がおもにこの港で行われ、常時10万人の日本兵が駐留していた。その多くは空襲を避けるために複雑な地下壕で暮らした。

ガダルカナル島に上陸するアメリカ海兵隊。島を掌握する軍事行動は、この戦いのなかでもっとも激しく犠牲者も多い作戦のひとつだった。どちらの国にとっても非常に重要な戦略だった。

の一部も占拠していた。すばらしい港のあるラバウルは、1030キロ離れたトラック島の日本の主要基地から援護できた。アメリカ政府にとってこうした動きは、アメリカからオーストラリアへの補給線の脅威と映った。オーストラリアでは、ダグラス・マッカーサー将軍がブリスベーンに司令部を置き、オーストラリアとニュージーランド防衛のために連合軍を増強していた。そしてフィリピン全土解放のために反転攻勢に出ようと計画していた。

ガダルカナルは連合軍の陸上型戦闘機の飛行圏外だったが、日本の戦闘機はソロモン諸島の別の島から離陸すれば到達できた。これで連合軍には空母が不可欠となった。長距離陸上型爆撃機に護衛戦闘機を提供するためだ。1942年8月7日、アメリカ海軍は日本軍を圧倒できる1万9000人の海兵隊員をガダルカナル島に上陸させた。日本軍の大半は空軍基地で働いていたが、当時そこは山がちな島にあるただの平地でしかなかった。海兵隊は39平方キロを占拠し、そのエリア内の小飛行場をヘンダーソン飛行場と命名して空母から飛び立った航空機の臨時基地とした。その後6か月のあいだ、島内、島周辺、海上、空中、いたるところでほぼ毎日戦闘が続いた。小さな島の小さな飛行場を支配し利用するための戦いだった。日本軍はラバウルから島々のあいだの海峡を航行する護衛船団で部隊を補強した。その海峡はスロットと呼ばれるようになった。日本軍はおもに夜間に輸送船から荷下ろしをしたが、その護送船団は東京急行と呼ばれるようになった。それは日本海軍を相手にアメリカ海軍とオーストラリア海軍が戦った、長く苦しい連戦だった。

1942年 第1次ソロモン海戦

ガダルカナル島の空軍基地を海兵隊が掌握したことで、日本は不意を突かれたが、すぐに反撃に出た。8月8日、三川軍一中将が軽巡洋艦3隻と重巡洋艦5隻とともにラバウルを発った。おもに夜間に移動していると、8月9日早朝、オーストラリアの重巡洋艦キャンベラ号とアメリカのシカゴ号を発見した。三川の小艦隊が攻撃を開始し、魚雷が命中したキャンベラ号のブリッジでは艦長はじめ全乗員が死亡、シカゴ号も破壊された。重巡

第1次ソロモン海戦でオランダ艦キャンベラ号の乗組員を救助するアメリカ船。日本の攻撃で修理不能な損害を受けたキャンベラ号は、安全な港まで曳航できなかったため、アメリカ艦エレット号の魚雷で意図的に撃沈された。

洋艦ヴィンセンス号もクインシー号ともども撃沈された。アストリア号はもう少し運が良かったが、大きく損傷した。これはアメリカ軍にとってもオーストラリア海軍にとっても大打撃だった。連合軍の死者は1023人、負傷者は709人だった。キャンベラ号に乗船していた819人のオーストラリア人からは、193人の死傷者が出た。そのうち84人が死亡し、ゲティング大佐もそのひとりだった。

夜明けとともに、三川中将は大至急ラバウルへ戻ろうとしたが、重巡洋艦の加古がアメリカの潜水艦に撃沈された。壊滅的な夜を体験した連合軍にとって多少は溜飲が下がる出来事だった。しかも、ガダルカナルの空港がついに完成し、アメリカの空母からの戦闘機が支援する重要な空軍基地になった。日本軍は三川の作戦に鼓舞され、ミッドウェーの敗北を二度と繰り返すまいと誓い、ガダルカナル周辺海域の覇権を握ろうと計画した。

1942年 8月23–25日、第2次ソロモン海戦（東ソロモン沖海戦）

「カ号作戦」ことソロモン諸島要地奪回作戦は、ガダルカナルの日本の地上部隊増強と連合軍海軍の壊滅が目的だった。この交戦中は、すべての戦いが空母または陸上基地を離着陸する航空機によって実行され、海軍が互い

第2次ソロモン海戦で攻撃を受けるアメリカ艦エンタープライズ号。日本は3回にわたり、エンタープライズ号撃沈との誤情報を出した。そこから同艦には「灰色の亡霊」とのあだ名がついた。

に敵の艦隊を実際に目にすることはなかった。日本の主要ターゲットは、アメリカの空母エンタープライズ号と護衛戦艦ポートランド号だ。エンタープライズ号は爆撃機によって被弾し、操舵制御がきかなくなった。しかし、アメリカ軍は被害を最小限に抑えるべく厳しい訓練を重ねていたので、乗組員は問題個所を修理し15ノットでの航行が可能になった。この戦いで、日本軍は軽巡洋艦1隻と約90機の航空機を失い、対するアメリカ軍は約20機の航空機を失い、エンタープライズ号が損傷を負った。どちらにとっても決定的勝利とはいかなかったが、援軍と物資を乗せてガダルカナル島へ向かっていた日本の護送船団はやむなく引き返すしかなかった。

1942年 サヴォ島沖海戦（エスペランス岬沖海戦）

10月11日、ガダルカナルで戦う日本の地上部隊を増強するために、大規模な護送船団が送りこまれた。それと並行して、日本軍は3隻の重巡洋艦と2隻の駆逐艦のタスクフォースでヘンダーソン飛行場を攻撃する計画を立てた。ノーマン・スコット少将率いる巡洋船4隻と駆逐艦5隻のタスクフォースは、日本海軍とエスペランス岬沖で真夜中前に遭遇した。スコットは日本海軍に航空基地爆撃計画を放棄させることに成功した。日本の巡洋艦と駆逐艦が沈没し、もう1隻の巡洋艦も大きく損傷したからだ。アメリカも駆逐艦と巡洋艦を1隻ずつ失った。しかしスコットは、日本の補給船団の任務遂行を阻止することができなかった。

1942年 南太平洋海戦(サンタ・クルス諸島海戦)

ガダルカナル島に援軍を上陸させる決意は揺るがなかったので、日本軍は連合軍の艦隊をその海域から排除する必要があった。10月24日、アメリカの空母部隊が日本の空母部隊と南太平洋のサンタ・クルス諸島沖で戦っ

南太平洋海戦で放棄されたアメリカ艦ホーネット号。1941年10月20日に就役し、1年と6日後に沈没した。今日にいたるまで、ホーネット号は敵に撃沈されたアメリカ艦隊最後の空母である。

た。日本側は3隻の空母と5隻の巡洋艦がアメリカの空母エンタープライズ号とホーネット号からの航空機によって被弾した。ホーネット号はこの戦いで大きく損傷し自沈処分となり、エンタープライズ号も損傷して撤退を余儀なくされた。しかし連合国海軍の殲滅という日本の悲願は実現しなかった。日本軍は多くの航空機を失い、その数はほぼ100機におよんだが、それ以上に問題だったのは経験豊富な搭乗員を失ったことだった。アメリカはこの戦いで81機の航空機を失ったものの、大きな収穫もあった。この作戦にかかわる日本の空母艦隊を削減したことだ。一方、ガダルカナル島の陸上部隊でも激戦が続いていた。

1942年 第3次ソロモン海戦

11月12日、キャラハン少将が指揮する巡洋艦隊が、日本のガダルカナルの戦力増強を防ぐため、またしても大日本帝国海軍と交戦した。日本には

日本の戦艦、霧島。装備で優るアメリカ艦ワシントン号に攻撃され、霧島は26回被弾した。1942年11月15日午前3時30分に転覆、沈没したが、乗組員は無事に救助された。

阿部中将率いる2隻の軍艦、比叡と霧島があった。彼らは夜間戦闘訓練を積んでおり、そこが深刻な被害を出したアメリカとの違いだった。数でこそ大きく負けていたが、キャラハンの巡洋艦隊は勇敢に、ときには至近距離で戦った。日本は1隻の戦艦を破壊し、ジュノー号をはじめ3隻の巡洋艦と数隻の駆逐艦を撃沈した。旗艦の重巡洋艦サンフランシスコ号に座乗したキャラハンと3人の上級士官は戦死し、航海士はブリッジで重傷を負った。ノーマン・スコット少将も、アトランタ号が甚大な被害を受けて戦死した。キャラハンとスコットのふたりは、この6か月間の軍事行動で戦死したもっとも上位の士官だった。アトランタ号は、努力の甲斐なく航行不能となり総員退艦が命じられた。船員は揚陸艇で上陸する一方で、少人数の破壊班が残って船を沈め、小型ボートでガダルカナルを目指した。

これが3日間にわたる戦闘の始まりだった。三川中将と田中少将は、ふたたび夜間に艦隊を航行させようとした。彼らは、キンケイド提督が率いる戦艦ワシントン号やサウスダコタ号、さらには空母エンタープライズ号で編成された部隊をものともせず、ヘンダーソン飛行場の爆撃と数部隊の上陸に成功した。11月14日夜間、近藤中将率いる4隻の巡洋船と駆逐艦がキンケイドと相まみえたが、近藤の旗艦である霧島はワシントン号にわずか7分で撃沈された。

アメリカは軽巡洋艦2隻、駆逐艦4隻、戦闘機35機が失われ、駆逐艦3隻が損傷した。しかし、日本は戦艦2隻、重巡洋艦1隻、駆逐艦3隻、輸送船11隻、航空機64機を失った。日本は敗北し、ソロモン諸島東部から連合軍を排除するという最後の重要な試みにも終止符が打たれた。

1942年　ルンガ沖夜戦（タサファロンガ沖海戦）

11月末、ガダルカナル島の北部沿岸に位置するタサファロンガで、またしても日本の上陸部隊を阻止する戦いが起こった。優勢なのは、地表捜索レーダーを持つアメリカだった。アメリカ軍はまだかなり新しいそのレーダーを使って日本船をみつけ、駆逐艦1隻を撃沈した。一方の日本軍はロング・ランス（長槍）とも呼ばれる酸素魚雷で優位に立った。それは驚異的な武器で、アメリカの巡洋艦1隻を沈め、さらに3隻に損害をもたらした。

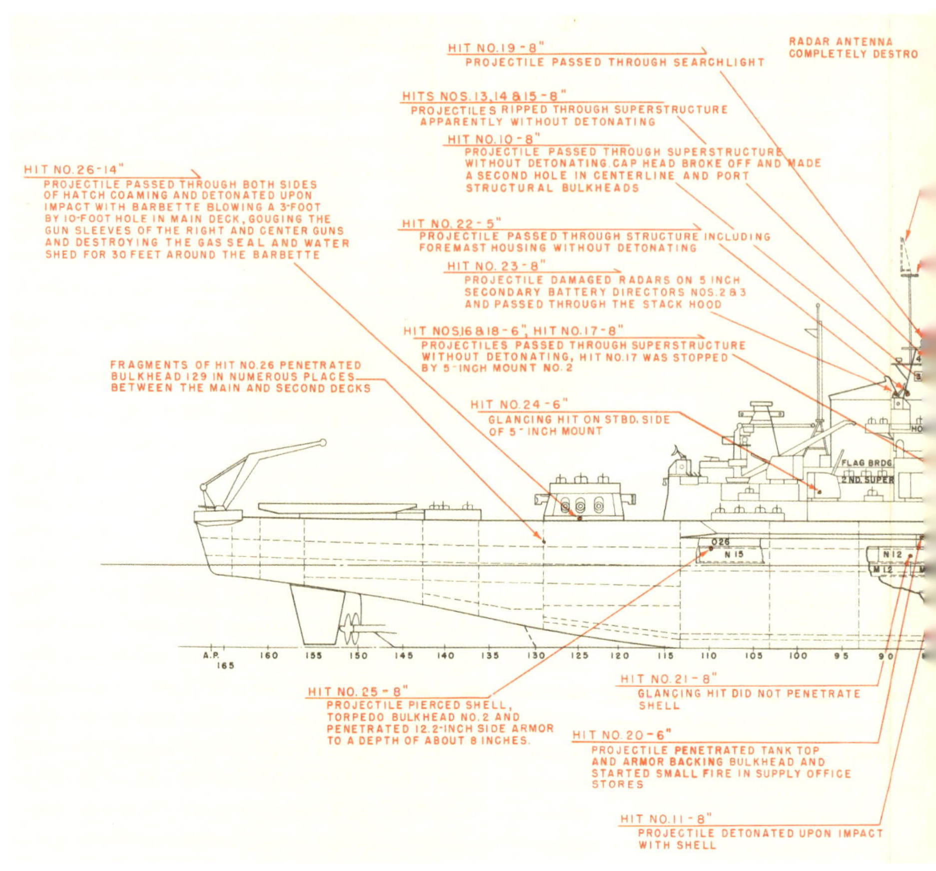

[上]第3次ソロモン海戦でアメリカ艦サウスダコタ号が被った損傷を示すこの図表には、20数か所以上の被弾の詳細が示されている。船楼が激しく損傷していたにもかかわらず浮かび続けていたのは驚きだ。サウスダコタ号はアメリカ帰航後に修理されて復活し、ふたたび参戦した。

[左]アメリカ艦ミネアポリス号の舳先は、ルンガ沖夜戦の魚雷攻撃で大きく裂けた。修復不能に見えた損傷だったが、乗組員はミネアポリス号の沈没を防ぎ、最終的に修理を完了した。

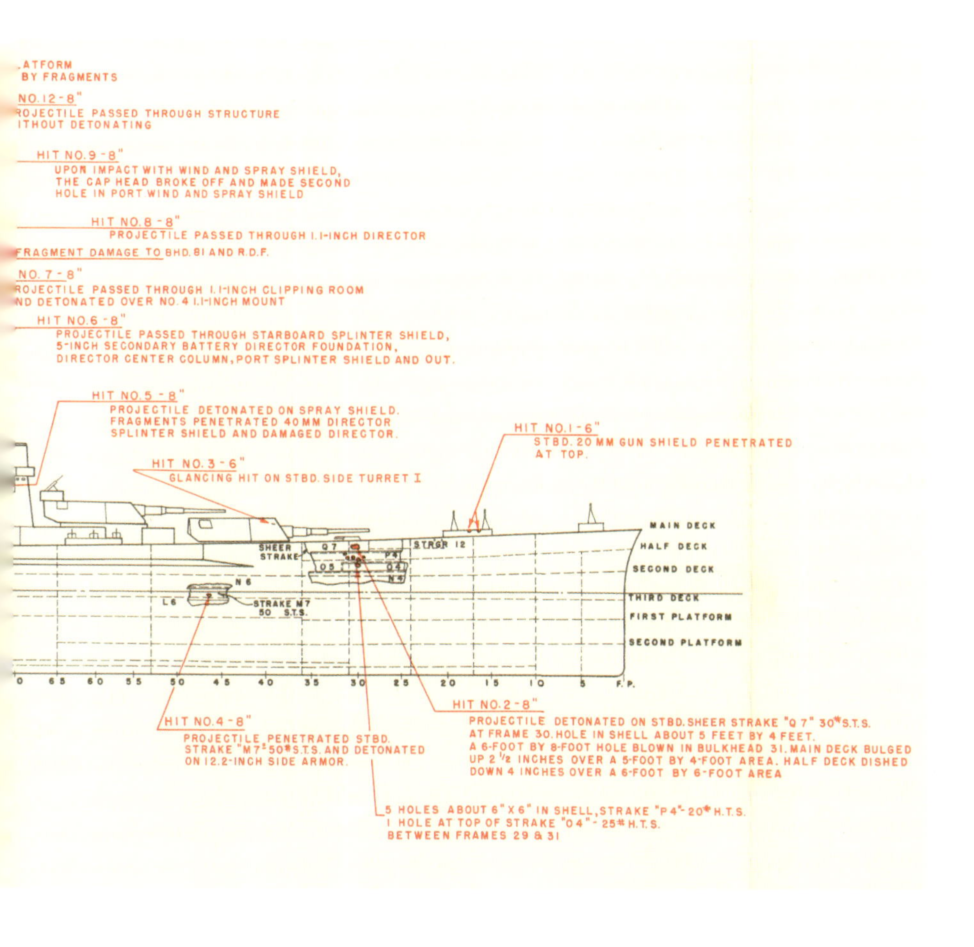

しかし、日本の増援部隊は島には上陸できなかった。いまや島の日本部隊はひどく弱体化していたが、それでも猛烈な勢いで戦っていた。これでガダルカナル島に対する日本の作戦は終焉し、12月末には大日本帝国最高司令部がその地域一帯からの全面撤退を指示した。

1月、日本軍はソロモン諸島南部から撤退した。1943年2月11日、アメリカ海軍は「ガダルカナル島における組織的抵抗は終結した。現在の任務は残敵を探しだす掃討作戦である」と報告した。これは日本との戦いにおけるターニングポイントであり、日本の東方侵攻の終焉だった。いまや日本は防戦一方だった。

北岬沖海戦

1943年末、ドイツ艦隊は戦艦ティルピッツ号、巡洋戦艦シャルンホルスト号、そして多数の巡洋艦を擁していたが、ヒトラーからその実力を見せよと圧力を受けていた。ソ連との戦争は見通しが暗く、陸軍は海軍の支援を必要としていた。イギリスはロシア北部に物資輸送船団を送っていた。そのひとつPQ-18船団は、1942年9月になんとか15万トンの必要物資や支援品を送り届けた。1943年12月、ドイツ海軍総司令官デーニッツ提督は、つぎの輸送船団を第1戦闘部隊で攻撃することを決めた。

サー・ブルース・フレイザー提督。デューク・オブ・ヨーク号の司令官としてシャルンホルスト号を撃沈し、3年前にシャルンホルスト号によって沈められた管下の船、グロリアス号の復讐を果たすことができた。

北極海の輸送船団は、1943年3月にチャーチルによって一時的に中断されていた。問題は、イギリスおよびヨーロッパ周辺海域を警護するイギリス本国艦隊総司令官サー・ブルース・フレイザー提督に提供される人員も戦力も、充分ではなかったことだ。しかし、ドイツ船への徹底した攻撃で脅威は薄れ、11月になる頃、フレイザーは輸送船団を再開できると考えた。最初の数団は成功し、何事もなく航行したが、その後東へ向かうJW55A船団がドイツ軍に目撃されていたとの報告があった。イギリスはリスクの増大を警戒した。フレイザーは旗艦デューク・オブ・ヨーク号で出航し、海軍による計画戦術の予行演習を行った。1943年12月20日、北極海輸送船団

JW55Bがロッホ・ユーから出航した。逆方向からはRA55Aが航海に成功して空荷で帰還しつつあった。

1年のこの時期の北極圏は、1日のほとんどが暗闇の極夜だ。そのため輸送船団への攻撃にかんするドイツの指令には緊張と不安が見てとれた。デーニッツ提督自身はパリに滞在中だったが、攻撃続行を促した。だが現地はかなりの悪天候に見舞われたため、ドイツ軍の駆逐艦の有効性が損なわれ、ドイツ空軍の作戦が制限されると感じる者がいるほどだった。のちに発覚したところによると、空軍の報告はあいまいかつ不正確で、シャルンホルスト号との連絡にも時間を要した。ドイツ艦隊の司令官バイ提督は、11月に休暇に入ったクメッツ提督の代理の臨時指揮官だった。

クリスマス当日、シャルンホルスト号は2000人の乗員と5隻の駆逐艦を従えて出航した。この段階でバイは途切れることなく指令を受け取っていたが、そのすべてが明快だったわけではなかった。しかもあっという間の出航だったため、2隻の掃海艇は針路の安全確認ができていなかった。天候は非常に悪かった。ずっと大荒れで波が高く、しかも猛吹雪の海で艦隊がまとまるのは困難だった。夜が明けると、5隻の駆逐艦が先行して輸送船団を探したが、シャルンホルスト号との連絡が途絶えた。バイ自身は単独で北上を続けた。そのシャルンホルスト号には、フレイザー提督の艦隊に護衛されたイギリスの船団が向かっていた。船団はふたつあり、それぞれに護衛船がついていた。さらに、ベルファスト号、ノーフォーク号、シェフィールド号を擁する巡洋艦グループがあり、バーネット中将が率いていた。フレイザーの旗艦に同行するのは巡洋艦ジャマイカ号と4隻の駆逐艦だった。

12月26日午前8時34分、バーネットのレーダーが船団の南わずか48キロ地点にシャルンホルスト号をとらえた。シェフィールド号は曳光弾を打ちあげて現場を照らそうとしたが失敗した。そこでノーフォーク号がレーダー域を頼りに攻撃し、シャルンホルスト号に砲弾を命中させ前方レーダーに損傷を与えた。バイは輸送船団に被害を与えようと決めスピードをあげたが、バーネットはより短い針路を取り、ドイツ軍戦艦と輸送船団のあいだの位置を保った。するとシェフィールド号からふたたび「敵影発見」の信号が入った。シャルンホルスト号はバーネットの船団と交戦し、

ノーフォーク号とシェフィールド号両方に被弾させてそこそこの戦果をあげた。ノーフォーク号艦上ではレーダーが破壊され、士官ひとりと水兵6人が戦死した。午後12時41分、バイは基地に戻る決断を下し、駆逐艦に輸送船団捜索を中止するよう伝達した。

バーネットはシャルンホルスト号を追い、その正確な位置をフレイザーに定期的に報告した。その結果シャルンホルスト号はその海域で最速だったにもかかわらず、4時間後には罠にはまった。午後5時、シャルンホルスト号は突然の閃光に照らしだされ、イギリス艦隊の標的になった。デューク・オブ・ヨーク号搭載の356ミリ砲がかなりの損傷を与え、さらに52発の舷側砲を発射。そのうちの数発はシャルンホルスト号からわずか183メートルの距離だった。シャルンホルスト号も反撃したが、デューク・オブ・ヨーク号の被害は限定的だった。シャルンホルスト号は逃走を試みるもその速度はボイラー室の損傷により致命的に遅かった。駆逐艦2

[上]シャルンホルスト号。姉妹艦グナイゼナウ号とともに、大戦初期の連合艦隊の悩みの種だった。ノルウェー沖の交戦のひとつでは、イギリス艦レナウン号とグロリアス号に対して海軍史上最長の命中距離のひとつを達成し、グロリアス号を約24.2キロの距離から撃沈した。

[左]雪に覆われたシェフィールド号のプロジェクタ。北極圏輸送船団の護送で航行したときに船と乗組員が遭遇した極限の天候がよくわかる。

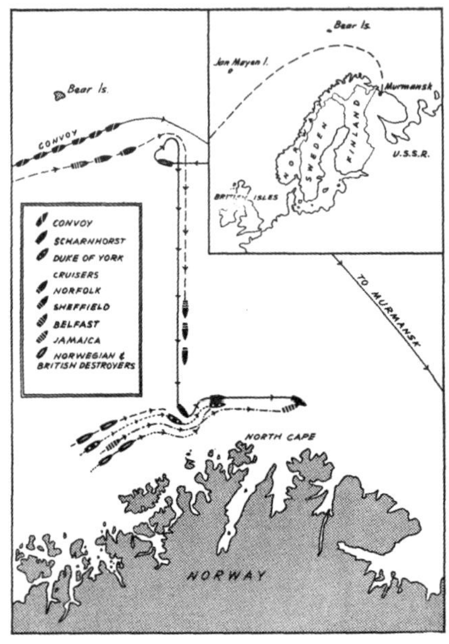

［上］イギリス艦シェフィールド号。イギリス海軍初のレーダー搭載船は、シャルンホルスト号を追いつめデューク・オブ・ヨーク号との死の邂逅に向かわせた。

［左］この北岬沖海戦の地図から、ノーフォーク号、シェフィールド号、ベルファスト号に追跡されたシャルンホルスト号が、どのように罠にはまってデューク・オブ・ヨーク号へ向かって航行させられたかがわかる。

隻がシャルンホルスト号に魚雷を発射するため移動した。午後7時1分にはデューク・オブ・ヨーク号とジャマイカ号も到着し、攻撃に加わった。その45分後、シャルンホルスト号は沈没し、2000人の乗組員のうち生き残ったのは36人だけだった。

イギリスの成功は、イギリス海軍が訓練した戦艦戦術の結果だった。駆逐艦と巡洋艦が効果的に使われ、デューク・オブ・ヨーク号の砲術もすばらしかった。これは戦闘のどのレベル、どの段階においても優秀な指令と指揮統制の好例とみなされた。しかし、イギリスの戦艦が独自に戦うのはこれが最後となった。

フォークランド紛争

フォークランド諸島はイギリスの海外領土で、サウスジョージア島とサウスサンドイッチ諸島が含まれる。1982年当時の人口は約2000人、主要産業は羊毛の輸出だった。かつて捕鯨基地だったサウスジョージア島は、おもに南極圏の科学研究拠点として使われていた。1981年、アルゼンチン軍士官グループが外交攻勢をかけ、マルヴィナス諸島(フォークランド諸島のアルゼンチンでの呼称)の領有権を主張したが、その目的は主として国内の経済問題から国民の目を逸らすことだった。フォークランド諸島の住民は強く反発し、イギリス政府は彼らを支援するためにアルゼンチンと戦わなければならなかった。

イギリス空軍機シー・ハリアー。多用途で機動性に優れたシー・ハリアーは、イギリスの空母インヴィンシブル号とハーミーズ号に搭載されフォークランド諸島に配備された。数ではアルゼンチン軍の航空機に劣っていたものの、この海戦中シー・ハリアーは1機も失われなかった。

マーガレット・サッチャー内閣のジョン・ノット国防相が推し進めた全面的な防衛費削減の影響で、イギリス海軍が南大西洋で運用していた砕氷艦エンデュランス号は退役した。その海域における唯一のイギリス海軍艦艇の撤退は、アルゼンチンの軍事政権にとっては、どうぞ島を奪ってくださいと招待状を送られたようなものだった。1982年3月、アルゼンチン部隊がサウスジョージア島に上陸した。放置された捕鯨設備のスクラップを回収するためとの主張だったが、ロンドンでは疑念が湧きあがった。3月26日、アルゼンチンのフォークランド諸島侵攻に対応する命令が出され、4月1–2日のあいだに150人の特別奇襲部隊が駆逐艦サンティシマ・トリニダード号のヘリコプターで上陸した。その後さらに600人の部隊が上陸したが、81人のイギリス海兵隊はアルゼンチンに圧倒され降伏した。4月4日、アルゼンチン軍はサウスジョージア島を掌握した。

これでイギリスは政治危機に陥り、多くのイギリス人は地図を開いてフォークランド諸島を探した。イギリスの主権に対するこのような侮辱に

フォークランド諸島で作戦に当たるシー・キング・ヘリコプター。これらの多用途航空機は、フォークランド諸島の戦略地点へ海兵隊を配備するために、そして撃墜された航空機の乗員を救助するために使われた。

は素早い対応が必要なので、最初の戦艦が南大西洋を目指してポーツマスを出港したのは4月5日のことだった。大きな課題は輸送と支援だ。というのもイギリス海軍には適切な船がほとんどなかったからだ。そこで商船が改造され、ヘリコプター甲板や海上補給用の設備が造られた。客船キャンベラ号は2200人の部隊を運ぶために改造された。コンテナ船は航空機輸送船として機能した。海運会社キュナード社のクイーン・エリザベス2世号も隊員輸送を任された。タスクフォース317部隊は空母と水陸両用部隊で構成され、その旗艦ハーミーズ号はシー・ハリアー戦闘機運用のために改造された。インヴィンシブル号も同行した。水陸両用艇はフィアレス号とイントレピッド号の2隻で、イギリス海軍補助艦隊が上陸用船舶を受け持った。タスクフォース324部隊はコンカラー号とカレイジャス号を含む6隻の潜水艦で構成された。1952年製造の蒸気船ウガンダ号は海運会社P&Oの教育クルーズ船だったが、病院船として接収され、ジブラルタルで改造された。その護衛には3隻の改造測量船、ヘクラ号、ハイドラ号、ヘラルド号がついた。この3隻は救急船の役割も果たすことになっていた。ウガンダ号はポーツマスで136人の医師や手術スタッフ、看護師を乗せ、医療品も積みこんだ。

イギリスは、島から半径200マイル(322キロ)を侵入禁止海域と宣言し、区域内では「アルゼンチンの船舶や航空機が攻撃され得る」と警告した。フォークランド諸島はイギリスから6437キロの位置にあり、それほど遠距離の戦闘には多くのリスクがあった。冬が来る前に決めておくべき問題も意識された。

作戦ではヘリコプターが特殊用途に使われた。4月20日、海兵隊がヘリコプターでサウスジョージア島に上陸し、島の奪還に成功した。これが作戦初の成功だった。5月1日、空中給油も必要なさらに長距離の飛行を空軍爆撃機ヴァルカンが実施し、ポート・スタンリー空港を空爆した。拠点を固めるためにハーミーズ号とインヴィンシブル号が到着すると、ポート・スタンリーはシー・ハリアーによってふたたび爆撃された。

5月2日、アルゼンチンの1万650トンの古びた砲装巡洋艦ヘネラル・ベルグラノ号が、イギリスの潜水艦コンカラー号によって迅速かつ効果的に撃沈された。乗組員1200人中321人が死亡し、この戦争で最大の単独

イギリス海軍の原子力潜水艦コンカラー号。1982年5月2日、コンカラー号はアルゼンチンの巡洋艦ヘネラル・ベルグラノ号を撃沈し、交戦中に怒りにまかせて発砲した初めての原子力潜水艦となった。

の喪失となった。ヘネラル・ベルグラノ号は侵入禁止海域のすぐ外側にいたため、この沈没は物議を醸したが、のちにアルゼンチン政府は正当な戦争行為だったと合意した。この戦果により、イギリスはその海域の制海権を維持することとなった。その少し前に、ヘリコプターがアルゼンチンの潜水艦サンタフェ号を発見し、誘導ミサイルで撃沈していたからだ。サンタフェ号はなんとか浅瀬に座礁したが、乗組員は降伏するしかなかった。

目下のアルゼンチンからの大きな脅威は、エグゾセ・ミサイルを搭載したフランス製のシュペル・エタンダール航空機だった。その最初の成功は駆逐艦シェフィールド号の撃沈で、そのとき乗組員20人が死亡している。5月12日、病院船ウガンダ号が初めての事故兵をシェフィールド号から受け入れ、その後はイギリスとアルゼンチンの事故兵を受け入れ続けた。改造測量船は負傷者をモンテヴィデオに移送する役割を充分に果たした。イギリス軍が島の奪還準備を始めるとすぐに、これらの船はさらに忙しくなった。一方、アルゼンチン側は戦闘中に追加部隊や物資をポート・スタ

フォークランド紛争中、イギリス海軍のもっとも危険な相手は、非常に破壊力の高いエグゾセ・ミサイルを搭載したフランス製のシュペル・エタンダール航空機だった。

ンリー空港になんとか投入した。限られた数の海軍部隊はいまだに作戦続行中で、サルタ号とサン・ルイ号の2隻の潜水艦はあったものの、運用上の問題からそれらを投入しても戦果をあげる見込みは薄く効果もないと思われた。

5月21日、イギリス艦隊が東西フォークランド島のあいだに進出し、ポート・スタンリーから138キロに位置するポート・サン・カルロスで3000人の兵士と銃砲、補給品を陸揚げした。アルゼンチンの司令官は、島のそ

敵機に攻撃された直後のイギリス海軍アーデント号。22人の兵士が亡くなり、艦艇自体も失われた。

フォークランド諸島での任務を終えてイギリスへ帰還するインヴィンシブル号。交戦のちょうど2か月前、インヴィンシブル号にはオーストラリアへの売却が発表された。フォークランド紛争での活躍を見たイギリスは、納得してその売却をキャンセルし、インヴィンシブル号は2005年までイギリス海軍艦隊に残った。

の先端部分は陸揚げ地点には選ばれないだろうと考え、防御にはほとんど手をつけていなかった。しかし、上陸を援護した戦艦は72アルゼンチン・スカイホークとミラージュ・ジェットに攻撃された。しばしば航続距離の限界で活動していた戦闘機だ。イギリス艦アーデント号は沈没、アルゴノート号は損傷したが、アルゼンチンの航空機のなかには従来型の芯つき爆弾を爆発させるには高度が低すぎたものもあり、船舶のいくつかには不発弾が命中した。5月25日、イギリスのコヴェントリー号が被弾し炎上、沈没した。一帯は複雑な地形なので、素早い前進を助ける装備を運搬するにはヘリコプターが欠かせなかった。しかしコンテナ船アトランティック・コンベア号がエグゾセ・ミサイルを被弾し、ヘリコプター、ハリアー、そして前進基地用の物資が破壊されたため、作戦は大きく後退した。翌日、イギリス陸軍と海兵隊は進撃続行を決断し、可能なものは徒歩で運ぼうとした。東フォークランド島のダーウィンとグース・グリーンのアルゼンチン軍駐屯地は、激戦の末アルゼンチンから奪還された。目下グース・グリーンの18キロ北西のグランサム・サウンドに停泊中のウガンダ号は、ヘリコプターで両軍の負傷者を受け入れ、5月31日時点で132人の負傷兵が乗船していた。

フォークランド作戦では、ミサイルや空中戦が支持され従来の軍事常識は時代遅れとみなされるなか、海軍砲撃の支援がふたたび本領を発揮し、艦船からの砲撃と援護が行われた。それがアルゼンチン軍の動きを制限し、大砲や軍需品、レーダー、燃料庫といった特定の標的を破壊または破損した。砲撃は夜間に効率的に行われたので、アルゼンチン部隊の士気を奪う効果もあり、同時にイギリス軍の士気は高まった。

海軍の砲火前方監視員クリス・ブラウン大佐は、こう回想している。「思うに、あれは友軍にも敵軍にとっても火を見るよりも明らかだった。つまり海軍の砲撃に、友軍の場合は支援され、敵軍の場合は攻撃されたのだ。それは時計じかけのような正確な頻度の定時砲撃が原因だった」

実際、作戦後のブリーフィングで、グラモーガン号の乗員はこう告げられた。「グラモーガン号は陸上部隊に非常に人気があった。われわれの一斉攻撃がつねに望まれるときに望まれる場所に着弾したからだ。イギリス部隊はわずか150ヤード(約140メートル)しか離れていないグラモーガン号からの砲火を非常に喜んだ」

6月8日、イギリスの進撃に大きな打撃となる惨事がポート・スタンリーの南に位置するブラフ・コーヴで勃発する。イギリスは島で最大の町ポート・スタンリーを包囲しようとした。そのためウェールズ近衛兵団がイギリス海軍補助艦隊のサー・トリストラム号とサー・ガラハド号から島に上陸しようとしていた。それを目撃したアルゼンチンの陸上部隊が航空支援を要請し、アルゼンチン航空機が両船を襲撃したのだ。それにより56人の兵士が戦死し、多くが重傷を負った。サー・ガラハド号は自沈された。

6月12日、海軍の艦砲支援を行っていたグラモーガン号に陸上から発射されたエグゾセ・ミサイルが被弾し、14人が死亡した。サン・カルロスには航空基地が建造され、イギリス空軍ハリアーが現在はスタンリー付近に集結している部隊に物資を届けることが可能になった。タンブルダウン山の高地をめぐる激しい戦いののち、港への道が開け、6月14日、アルゼンチンのスタンリーの司令官メネンデス大将は、イギリスのジェレミー・ムーア少将に降伏した。

フォークランド紛争は、勝敗が紙一重の軍事作戦だった。さらに、本国から遠く離れた場所で強敵と戦うことには重大な意味があった。74日におよぶ戦いで、255人のイギリス人軍人が戦死し、3人の地元住民の女性も死亡した。アルゼンチン側は合計649人の戦死者を出した。イギリス海軍と海兵隊はすばらしい武勲を立て、世界的に展開できる部隊の重要性を見せつけたが、制海権を握ることができなければ勝利が大きな脅威にさらされることもはっきりした。陸上基地を持つ敵に対する空母艦載機の限界が示されたためである。

用語集

- **インディアマン** | **East Indiaman** 極東貿易に使われた、どっしりした造りの大型商船
- **ヴァン** | **Van** 艦隊の3分艦隊のうち先頭の分艦隊
- **ウェザーゲージ** | **Weather gage** 他船や艦隊に対し、風上の位置にあること
- **横陣** | **Line abreast** 船が横1列に航行すること
- **風上** | **Windward** 風が吹いてくる側の方角
- **風下側** | **Leeward** 風が吹き向かっている方向
- **火船** | **Fireship** 敵を火攻めにする目的で可燃物を積載した船
- **カラー** | **Colours** 国旗や軍旗
- **ガレアス船** | **Galleass** 一連の艤装と、漕ぎ手の頭上に砲撃甲板を備えた大型ガレー船(16世紀)
- **ガレー船** | **Galley** オールを使い人力で推進する軍艦
- **カロネード砲** | **Carronade** 短身の大砲の一種
- **艦隊** | **Fleet** 大規模な船団あるいは軍艦の集団
- **旗艦** | **Flagship** 艦隊の指揮官旗が掲げられた船
- **喫水** | **Draught** 船が水に浮くために必要な水深
- **臼砲艦** | **Bomb vessel** 陸上砲撃用の重迫撃砲を装備した船舶(17–19世紀)
- **機雷** | **Mine** 通りすがりの船を沈めるために設計された水中爆弾
- **駆逐艦** | **Destroyer, torpedo boat destroyer** 魚雷や火砲を搭載した大型の水雷艇の一種
- **ゲール・デュ・クース** | **Guerre du course** フランス語で私掠船
- **舷側砲** | **Broadside** 船の一方の舷側の大砲を一斉に発射する攻撃
- **航空母艦** | **Aircraft carrier** →航空母艦(Carrier)参照
- **航空母艦** | **Carrier, Aircraft carrier** 航空機が離着陸できる飛行甲板を備えた、航空機を搭載できる軍艦
- **攻城砲列** | **Siege train** 重い扉や要塞、壁を破るための部隊や武器、車両一式
- **コグ船** | **Cog** 1本マストと帆を備えた平底の商船(13–15世紀)
- **護送船団** | **Convoy** 護衛船つきで移動する商船団
- **コルベット艦** | **Corvette** 小型護衛艦の一種
- **索具装置** | **Rigging** マストや帆桁を支えるロープ類
- **縦陣** | **Line astern** 船が縦1列で航行すること
- **巡洋戦艦** | **Battlecruiser** →巡洋艦(Cruiser)参照
- **巡洋艦** | **Cruiser** 巡航用に設計された数種類の軍艦のひとつ(20世紀)。装甲巡洋艦(armoured cruiser)大型垂直方向武器を搭載した巡洋艦(19–20世紀)。戦闘巡洋艦(battle cruiser)戦艦より高速で武器は少ないドレッドノート級戦艦の一種
- **私掠船** | **Privateer** 戦時中に指定された敵船を攻撃する許可を得た商船、または私掠船に乗船する個人
- **スクーナー** | **Schooner** 北米で生まれたとされる2本マストの縦帆型帆船
- **戦艦隊** | **Battle fleet** →艦隊(Fleet)参照
- **全艦追撃** | **General Chase** 逃走する敵を序列に関係なく勝者が追跡すること
- **船主楼** | **Forecastle** 船楼(castle)参照
- **戦隊** | **Squadron** 単一の指揮下にある戦艦のグループ。艦隊の一部門
- **船尾楼** | **Aftercastle** →船楼(Castle)参照
- **戦列** | **Line of battle** 前方の船に続いてあらかじめ決められた順序で列に並ぶ戦闘隊形
- **戦列突破** | **Breaking the line** 敵船の縦陣を垂直に突破して航行すること
- **船楼** | **Castle** 戦闘用の足場となる船首や船尾、マスト上に突きだした構造物(12–15世紀)
- **総員名簿** | **Muster** 乗組員の名簿
- **装甲艦** | **Ironclad** 鋼鉄版を施された軍艦(19世紀)
- **拿捕船** | **Prize** 賞金のために売られる拿捕された船
- **弾薬庫** | **Magazine** 爆発物を補完する船上の区画
- **徴兵** | **Impressment** しばしば強制的な新兵集め
- **通商破壊船** | **Commerce raider** 敵の商船を狙う武装船
- **ドレッドノート級** | **Dreadnought** 1906年のイギリス艦ドレッドノート号以降の、1種類の銃砲を主要武器とする戦艦のタイプ
- **トレビュシェット** | **Trebuchet** 物体を強く投げつける巨大な投石器の一種
- **破裂弾** | **Shell** 爆薬弾。照明弾は破裂弾の一種で、夜間照明用に閃光を放つ
- **封鎖** | **Blockade** 船の出入港を防ぐために敵港沖で行われる巡視
- **フラットトップ** | **Flat top** 航空母艦の愛称
- **フリゲート艦** | **Frigate** 護衛艦として使われた小型戦艦 | 20世紀
- **ブリッグ** | **Brig** 2本のマストに横帆を艤装した船

- **フロータ**｜**Flota** スペインの艦隊。南米の鉱山で算出した銀を西インド諸島から運ぶ年に1度の護送船団
- **補助蒸気**｜**Auxiliary steam** 帆のバックアップとして蒸気機関を持つこと
- **マンオブウォー**｜**Man-of-war** 軍艦
- **メイレイ**｜**Melee** 至近距離での乱戦
- **Uボート**｜**U-boat** 潜水艦
- **輸送**｜**Transport** 軍隊や軍需品を運ぶために借りあげられた商船。軍隊や軍需品を輸送するための船
- **ラフ**｜**Luff** 船首を風上に向けること
- **レイキング**｜**Raking** 前方または後方から敵の船を焼き払うこと

図版クレジット

AKG Images
256

Alamy
14–15; 16r; 22; 56; 81; 94; 242b; 242–243; 251; 267; 269. Arcturus Publishing Ltd 12.

Arcturus Publishing Ltd
8b.

Bridgeman Art Library
21 (©Historic England) ; 24; 25; 37 (Index Fototeca) ; 68 (©Florilegius) ; 116–117 (©Richard Willis) ; 125; 154 (National Trust Photographic Library/John Hammond) ; 160 (©Derek Bayes) ; 170–171 (©British Library Board. All Rights Reserved) ; 254–255 (Alinari) .

College of Optometrists
168 ©The College of Optometrists, London.

Diomedia
16l; 17; 40&41; 42–43; 45; 55; 69; 96–97; 99b; 105 116b; 130; 172b; 182; 183; 231.

Flickr
263.

Getty Images
13 (Photo 12/Contributor) ; 81 (Universal Images Group/ Contributor) ; 113 (Hulton Archive/ Stringer) ; 140 (Hulton Archive/Stringer) ; 144 (Mansell/ Contributor) ; 173 (G Sinclair Archive/ Contributor) ; 184 (Print Collector/Contributor) ; 185 (Universal History Archive/ Contributor) ; 197 (Universal Images Group/Contributor) ; 198–199 (Christophel Fine Art/Contributor) ; 200 (Universal Images Group/ Contributor) ; 215 (DEA/ BIBLIOTECA AMBROSIANA/ Contributor) ; 224–237 (DEA PICTURE LIBRARY/ Contributor) ; 236–237 (Universal Images Group/Contributor) ; 244–245 03 (Keystone-France/Contributor) ; 249 (IWM/Getty Images/ Contributor) ; 250 (Print Collector/ Contributor) ; 253 (DEA/G. NIMATALLAH/Contributor) ; 258–259 (Keystone/ Stringer) ; 266 (Corbis/Contributor) ; 268 (Historical/Contributor) ; 283 (Historical/ Contributor) ; 294–295 (Keystone/Stringer) ; 295 (IWM/ Getty Images/Contributor) ; 297, 298 & 301 (Terence Laheney/ Contributor) ; 300 (Popperfoto/ Contributor) .

Library of Congress
122–123; 203; 205; 206–207; 208; 208-209; 212–213; 214; 217; 220–221; 229; 236l.

Mary Evans Picture Library
56–57.

Naval History and Heritage Command
210; 216; 221; 235r; 241; 257; 261; 272–273; 273; 274–275; 275; 276t; 280–281; 284–285; 286; 287; 288; 290.

Rijksmuseum
48–49; 290.

Shutterstock
138–139.

Wellcome Collection
29.

Wikicommons
8; 11; 14; 18; 19; 23l; 23r; 26; 27; 28; 33; 34; 35; 36; 38t; 38b&39; 44; 46; 47; 50–51; 53; 54; 60; 61; 62– 63; 64–65; 67; 70; 71; 72; 72–73; 73b; 75; 78; 79&80; 82–83; 84–85; 86–87; 88; 89; 90–91; 92–93; 95l&95r; 98–99; 100; 101; 102–103; 104–105; 107; 108; 110–111; 112; 114; 115t; 119l&119r; 120; 123; 124; 126–127; 128–129; 131; 132,133, ; 134–135; 136; 137; 141; 145; 146–147; 150–151; 152–153; 158; 156–157; 158–159; 161; 162; 164–165; 166; 167; 169; 172t; 175; 176; 177; 178–179; 180–181; 186; 188–189; 190; 192; 194–195; 196; 201; 202; 211; 218; 222; 223; 227; 228; 230; 232–233; 234; 235l; 240; 242t; 245; 247&248; 253; 261; 264; 271; 276b; 277; 278; 282; 290–291; 292; 296t&296b; 301t; 302–303.

索引

し

す

せ

な

に

ぬ

ね

の

は

ひ

ふ

へ

ほ

ま

み

む

め

も

や

［著者］
ヘレン・ドウ
Helen Doe

エクセター大学で博士号を取得。同大海事史研究センター、王立歴史協会、王立芸術協会のフェロー。英国海事史委員会の副委員長兼理事を務める。英国政府の国家歴史船専門家評議会メンバー（HMSヴィクトリー、メアリー・ローズ号、カティ・サーク号、ウォリアー号など）。SSグレート・ブリテンの評議員、英国海事史委員会の副会長。リチャード・ハーディング教授とともに*Naval Leadership and Management, 1650–1950*を編纂。*The First AtlanticLiner*、*Enterprising Women in Shipping*など著書多数。

［訳者］
甲斐理恵子
Rieko Kai

北海道大学文学部卒業。翻訳者。おもな訳書に『世界を変えた100のシンボル』、『宇宙地政学と覇権戦争』、『水の歴史（「食」の図書館）』（以上原書房）、『恐怖の地政学』（さくら舎）、『時の番人』（静山社）、『昆虫この小さきものたちの声』（日本教文社）などがある。

Great Naval Battles
by Helen Doe

絵画と写真で見る

世界海戦史

レパントの海戦からフォークランド紛争まで

2024年11月15日　初版第1刷発行

著者	ヘレン・ドウ
訳者	甲斐理恵子
発行者	成瀬雅人
発行所	株式会社原書房 〒160-0022 東京都新宿区新宿1-25-13 電話・代表 03-3354-0685 http://www.harashobo.co.jp 振替・001510-6-151594
ブックデザイン	小沼宏之［GIBBON］
印刷	シナノ印刷株式会社
製本	東京美術紙工協業組合

ISBN978-4-562-07475-4
Printed in Japan